LE CHANGEMENT CLIMATIQUE

Ce qui va changer dans mon quotidien

Hélène Géli

Avec la collaboration
de Jean-François Soussana

LE CHANGEMENT CLIMATIQUE

Ce qui va changer
dans mon Quotidien

Éditions Quæ

Ce livre est le premier d'une collection s'adressant à un large public,
non spécialiste des sujets traités mais curieux de comprendre l'actualité.
Sous la direction d'un expert scientifique, les ouvrages sont écrits par
des journalistes dans un style vivant et très accessible, et couvrent
des questions de société variées, comme l'alimentation, la santé,
l'environnement, les nouvelles technologies...
Une collection originale par son choix d'aborder ces problématiques
sous l'angle de leur impact dans notre vie quotidienne.

Découvrez le mini-site du livre :
http://lechangementclimatique.lasciencesimplement.fr

Éditions Quæ
RD 10
78026 Versailles Cedex, France

© Éditions Quæ, 2015
ISBN : 978-2-7592-2367-1

*« Pourquoi faudrait-il que je me préoccupe
des générations futures ? Ont-elles une seule fois
fait quelque chose pour moi ? »*
Groucho Marx

*« Pour ce qui est de l'avenir, il ne s'agit pas
de le prévoir mais de le rendre possible »*
Antoine de Saint-Exupéry

Remerciements

Nous remercions vivement tous les chercheurs qui ont accepté d'être interviewés, ainsi que Jean-François Soussana en tant que conseiller scientifique du livre.

Jean-Luc Baglinière
Directeur de recherche à l'Inra, UMR Écologie et santé des écosystèmes ; spécialiste des milieux aquatiques et des poissons migrateurs

Denis Couvet
Professeur au Muséum national d'histoire naturelle, département Écologie et gestion de la biodiversité

Philippe Debaeke
Directeur de recherche à l'Inra, UMR Agroécologie, innovations, territoires

Jean-François Guégan
Directeur de recherche à l'IRD, membre des labex CEBA et CEMEB ; conseiller scientifique du programme international FutureEarth/ecoHEALTH initiative

Gérard Hégron
Directeur Aménagement, mobilités et environnement à l'Ifsttar

François Lefèvre
Directeur de recherche à l'Inra, UR Écologie des forêts méditerranéennes

Jacques Le Gouis
Directeur de recherche à l'Inra, UMR Génétique, diversité et écophysiologie des céréales

Benoît Marçais
Directeur de recherche à l'Inra, UMR Interactions arbres-microorganismes (labex ARBRE), pathologiste forestier

Sylvain Pellerin
Directeur de recherche à l'Inra, UMR Interactions sol-plante-atmosphère

Marie-Élodie Perga
Directeur de recherche à l'Inra, UMR Centre alpin de recherche sur les réseaux trophiques et écosystèmes limniques ; spécialiste de l'écologie des lacs

Serge Piperno
Directeur scientifique de l'Ifsttar

David Renaudeau
Chercheur à l'Inra, UMR Physiologie, environnement et génétique pour l'animal et les systèmes d'élevage

Jean-Marc Touzard
Directeur de recherche à l'Inra, UMR Innovation et développement dans l'agriculture et l'alimentation ; économiste, spécialiste du vin

Sommaire

Introduction

Une certitude, ça va chauffer !

Nous le savons tous désormais : il va faire plus chaud, le climat va changer et a déjà commencé à évoluer en ce sens. Nous devrons nous y faire. L'homme ne s'est-il pas en permanence adapté à l'évolution de sa planète ? Le fait est d'autant plus vrai en ce XXIe siècle que des équipes de cerveaux ont déjà mis en place de fantastiques outils de prévision, que bon nombre de stratégies sont d'ores et déjà en marche et que des solutions existent. Est-ce à dire que tout va pour le mieux ? Sûrement pas ! Dans le pire des scénarios, notre bonne vieille planète pourrait bien connaître, en 2100, des températures plus chaudes de 4 °C. Or le phénomène de hausse n'est pas survenu si brutalement qu'il y paraît. De 1901 à 2012, les températures mesurées à la surface de la Terre ont, en moyenne, globalement augmenté de 0,89 °C. Presque 1 degré en un seul siècle.

Des chiffres, bon nombre d'ouvrages nous en abreuvent. Mais l'intention de ce livre est tout autre. Original dans sa démarche, il veut permettre à tout lecteur de comprendre ce qu'il peut faire dès aujourd'hui pour s'adapter et mieux appréhender son quotidien en 2050. Quelle sera la carte postale de la France à travers ses paysages ? Quelle agriculture et quelle alimentation aurons-nous ? Comment vivrons-nous dans nos villes, avec quels moyens de transports et quelle façon de voyager ? Autant de questions auxquelles ce livre tente de répondre à la lueur des différents scénarios émis par le Giec[1], le groupe d'experts éminents de toutes disciplines scientifiques mis en place par l'ONU en 1988.

Mais, avant toute chose, un rappel de quelques données élémentaires sur ce que nous savons aujourd'hui du réchauffement climatique.

L'année 2014 a vu la finalisation du 5e et dernier rapport du Giec, dont les conclusions vont servir de base aux négociations de la grande conférence mondiale sur le climat[2] qui se tiendra à Paris en décembre 2015. Le travail a été colossal. Pas moins de 30 000 études passées au crible, 800 auteurs principaux sollicités. L'élévation de la température terrestre relevée au cours des XXe et XXIe siècles est bel et bien le fait de l'accumulation des gaz à effet de serre d'origine humaine. Ce qui faisait encore quelques doutes il y a une vingtaine d'années est désormais une certitude. Il existe bien un « réchauffement climatique », désormais jugé « extrêmement probable », et il est, à 95 %, dû à l'homme, n'en déplaise aux derniers climato-sceptiques.

Pour mieux anticiper ce futur, les experts ont bâti plusieurs scénarios. Dans le plus optimiste, le seul susceptible d'éviter de dépasser le seuil de 2 °C, les concentrations de CO_2 se stabilisent dès 2025. Dans le plus extrême, il faut attendre 2250. Dans tous les cas, un réchauffement moyen compris entre 0,5 °C et 2 °C est

---

1 Groupe Intergouvernemental d'Experts sur l'Évolution du Climat.

2 La Conférence des parties est l'organe suprême qui se réunit chaque année au niveau mondial pour prendre des décisions concernant la lutte contre les changements climatiques. L'année dernière, la COP20 s'est déroulée à Lima (Pérou). En 2015, la COP qui se tiendra à Paris sera la 21e, d'où le nom de COP21.

inéluctable pour les années 2030-2040 par rapport à 1900 car lié aux émissions de gaz à effet de serre « déjà » émises. Le climat de la Terre est à l'image d'un paquebot, lent, lourd et doué d'une formidable force d'inertie… C'est donc pour « après » que nous devons travailler. L'après-2050 et au-delà, le monde de nos enfants et de nos petits-enfants. Et c'est maintenant que nous devons agir car nous disposons de fantastiques moyens pour peu que nous le voulions.

Depuis 1950, l'atmosphère et l'océan se sont réchauffés, le niveau des mers a monté, les neiges et les glaces ont fondu. La banquise arctique a perdu en surface entre 9,4 et 13,6 % depuis 1979. Et les experts n'excluent pas qu'elle ait totalement disparu à la fin de l'été 2050 dans le plus pessimiste des scénarios. Les glaciers de montagne ont vu fondre en moyenne environ 275 milliards de tonnes de glace par an entre 1993 et 2009. Couplée au réchauffement thermique des océans (qui, du même coup, se dilatent), la fonte des calottes glaciaires du Groenland et de l'Antarctique de l'Ouest vient encore alimenter la hausse du niveau marin. Mais le réchauffement climatique, ce sera aussi autre chose. Depuis son entrée fracassante sur la scène médiatique, la plupart des médias ont en effet réduit ce phénomène à son aspect le plus spectaculaire, l'élévation des températures. Un fait sans appel mais simpliste. Le changement climatique, c'est effectivement une hausse globale du thermomètre (donc des vagues de chaleur et des périodes de sécheresse plus fréquentes), mais aussi des hivers moins rigoureux, des pluies intenses, mais souvent moins fréquentes, des événements extrêmes plus violents, des répartitions modifiées des espèces marines et terrestres, des rendements agricoles globalement en baisse, des millions de réfugiés climatiques poussés hors de chez eux par l'élévation du niveau marin… Plutôt que de « réchauffe-ment », on préférera alors les termes de « changement » ou de « dérèglement ».

Notre bonne vieille planète n'en est pas à son premier changement climatique, direz-vous. Et vous aurez raison. Le climat terrestre a toujours connu des cycles de réchauffement dénommés « périodes interglaciaires[3] » et des périodes de refroidissement ou « périodes glaciaires[4] » pouvant s'étendre sur plusieurs milliers ou millions d'années. C'est l'enseignement que nous ont apporté les carottes de glace, ces extraits des entrailles de la Terre. L'analyse des petites bulles d'air qui y sont piégées a en effet permis de recomposer la nature de l'air et la température qu'il faisait à chaque époque et donc les variations du climat au cours du temps.

Alors, certes, nous nous trouvons actuellement dans une période interglaciaire, mais le changement que nous connaissons actuellement ne ressemble en rien à ses cousins du passé. Il est particulièrement rapide, trop important et, pour la première fois depuis l'histoire de la planète, sans grand lien avec quelque chose de naturel. En cause ? L'homme et sa consommation croissante de pétrole, de gaz et de charbon venus enrayer la belle machine climatique en ajoutant dans l'atmosphère des gaz, d'où un effet de serre « additionnel ». La vie sur Terre est en effet avant tout liée à ce phénomène dénommé « effet de serre ». C'est grâce à lui que les plantes, les animaux et les hommes peuvent vivre sur Terre à une température agréable. Sans lui, le thermomètre chuterait à − 18 °C au lieu de nos 15 °C moyens. Après avoir voyagé

---

3 Périodes pouvant durer entre dix mille et douze mille ans environ.
4 Périodes de l'ordre de cent mille ans.

à travers l'espace, les rayons du soleil sont pour moitié absorbés par les océans et par le sol, et pour moitié réfléchis vers le ciel. L'échauffement du sol et des océans émet de la chaleur sous forme de rayonnement infrarouge thermique. C'est ce dernier qui est piégé par la vapeur d'eau, le CO_2, le méthane et les autres gaz à effet de serre (GES). Il se forme ainsi une sorte de cloche naturelle au-dessus de la Terre qui conserve la chaleur à l'image d'une serre ou d'une vitre qui capterait une partie du chauffage. Le problème, c'est qu'il en va de l'effet de serre comme du cholestérol : il y a le bon et le mauvais. Et comme le cholestérol, tout est aussi question de quantité.

Si l'effet de serre « naturel » est globalement bénéfique, l'effet de serre « additionnel » est néfaste. Le problème tient à l'addition. Or, depuis quelques années, les scientifiques ont constaté une augmentation très importante de ces GES dus à l'activité humaine. Au cours de la dernière décennie, elle a atteint 2,2 % par an en équivalents CO_2. Industrie, transport, déforestation, agriculture, mode de chauffage, les coupables sont clairement identifiés.

Mais l'homme ne fait pas tout. La machine climatique est aussi une gigantesque usine qui met en interaction une foule d'éléments tels que les océans, les glaciers, les continents, la biosphère, les courant marins, les vents, l'atmosphère ! Et tout cela tient en équilibre. Toucher ou dérégler un seul de ces éléments peut avoir un effet domino susceptible de provoquer une réaction en chaîne. La fonte des glaciers en Arctique finira-t-elle par modifier, au siècle prochain, le trajet du Gulf Stream, donc le climat de la France ? La réponse est oui, très probablement. La science du climat est d'une immense complexité qui invite à la modestie, ce qui ne veut pas dire à l'inaction ! Car, comme le dit Stéphane Hallegatte, économiste et co-auteur du

5e rapport du Giec, « puisque l'incertain est ce qu'il y a de plus délicat à gérer, il faut le diminuer ».

La prise en compte salutaire de l'environnement est en réalité assez récente. Elle commence dans les années 1970 avec l'essoufflement du modèle de croissance économique (après le premier choc pétrolier) et se poursuit avec un certain nombre d'événements catastrophiques propres à frapper les esprits (Bhopal[5], Tchernobyl[6]...). Le sommet de la Terre de Stockholm en juin 1972 (intitulé à l'époque « Conférence des Nations Unies sur l'environnement ») est la première grande réunion internationale sur le sujet. Davantage marquée par l'opposition entre pays développés et pays du tiers-monde (comme on les appelait à l'époque) sur les restrictions à apporter ou non au développement économique et les dégâts causés par la pollution, cette réunion n'abordera pas une seule fois le problème du « réchauffement climatique », en dépit des premières prévisions de réchauffement planétaire déjà énoncées par des scientifiques en 1967[7]. Depuis, le Programme des Nations Unies pour l'environnement a ancré la réédition de ces sommets de manière régulière dans l'agenda des États du monde entier. Une préoccupation bienvenue, mais dont les engagements n'ont pas toujours été au rendez-vous...

De ce point de vue là, le sommet de Rio en 1992 (le 3e du genre) marque un tournant majeur. D'abord pour le nombre de participants, avec pas moins de 116 chefs d'États présents, 1 500 ONG et 3 000 journalistes !

---

5 Explosion d'une usine de pesticides en Inde le 3 décembre 1984.

6 Explosion de la centrale nucléaire de Tchernobyl, en URSS, le 26 avril 1986.

7 Deux scientifiques (Syukuro Manabe et Richard Wetherald) prévoient le doublement de la concentration de dioxyde de carbone d'ici le début du XXIe siècle et une élévation de la température moyenne de 2,5 °C.

Ensuite, pour ses décisions. Pour la première fois, on va aboutir à une déclaration qui fonde encore aujourd'hui le socle des politiques environnementales mondiales et structure toutes les actions en faveur de l'environnement à l'échelle de la planète. C'est également la première fois qu'apparaissent les concepts de « développement durable » et d'« Agenda 21 » qui sont autant de recommandations concrètes à destination des gouvernements et des collectivités locales. Avec Rio, on sort enfin des intentions pour passer à l'action.

Kyoto, en 1997, est un autre sommet qui a marqué les esprits pour son désormais célèbre « protocole ». Au terme de onze jours de discussions et d'un âpre compromis entre pays riches et pays en développement, 159 pays se mettent d'accord sur l'objectif d'une réduction moyenne de 5,2 % des émissions de GES au cours de la période 2008-2012 par rapport aux années 1990. Un accord qui ne concerne toutefois qu'une quarantaine de pays industrialisés ayant reconnu leur « responsabilité historique », et non les pays en développement tels que la Chine ou l'Inde… Autres cailloux dans la chaussure de Kyoto, le refus de ratification des États-Unis, traduit par la (tristement) célèbre phrase de Georges Bush (« le mode de vie américain n'est pas négociable ») et l'absence remarquée de nombreux pays comme la Russie ou l'Australie. Il n'empêche. Kyoto demeure le seul accord juridique contraignant jamais signé pour diminuer les gaz à effet de serre et lutter concrètement contre le réchauffement climatique.

Le sommet de 2002 à Johannesburg reste davantage dans les mémoires pour la phrase choc de Jacques Chirac que pour ses prises de position. Certes, les débats sur la pauvreté, l'accès à l'eau potable ou le rôle croissant des pays émergents (Chine, Inde, Brésil) sont relativement constructifs mais ce sont plus ces quelques mots inspirés par Nicolas Hulot (« Notre maison brûle et nous regardons ailleurs… Nous ne pourrons pas dire que nous ne savions pas ») qui ont frappé les esprits. La formule a fait le tour du monde et largement contribué à booster la sensibilisation sur le réchauffement climatique.

L'année 2003 est celle des premiers engagements qui font mal. Cette année-là, la France promet de diviser par 4 ses émissions nationales de gaz à effet de serre du niveau de 1990 d'ici 2050. C'est le fameux « facteur 4 », un objectif[8] qui sera à nouveau validé par le Grenelle de l'environnement en 2007.

La douche froide du sommet de Copenhague en 2009 met à mal bon nombre d'espoirs placés dans une nouvelle gouvernance mondiale des enjeux environnementaux. En dépit des 120 chefs qui ont fait le déplacement, de Barack Obama qui tente de faire oublier le climato-scepticisme de son prédécesseur, du charismatique Lula, de la présence d'Hugo Chavez, Nicolas Sarkozy, Angela Merkel et jusqu'à Hu Jintao (le président chinois devenu, en quelques années, le représentant du pays plus grand émetteur de gaz à effet de serre), la grand-messe n'accouche que d'un texte de 3 pages soulignant la nécessité de limiter le réchauffement planétaire à 2 °C, sans mesure

---

8 Le facteur 4 est évoqué dans le *Livre blanc sur les énergies* de novembre 2003. Cet objectif, évoqué dans le Plan Climat national de 2004, a été repris dans l'article 2 de la loi de programme fixant les orientations de la politique énergétique du 13 juillet 2005, qui « vise à diminuer de 3 % par an en moyenne les émissions de gaz à effet de serre de la France ». Par ailleurs, le Parlement européen a voté en décembre 2008 le « paquet climat-énergie » qui engage les 27 pays de l'Union à la fois sur l'énergie et sur le climat. Celui-ci fixe les objectifs 20-20-20 à atteindre avant 2020 : une réduction de 20 % des émissions de GES (sur la base des émissions de 1990), une amélioration de 20 % de l'efficacité énergétique, tandis que 20 % de l'approvisionnement énergétique devra être couvert par des énergies renouvelables.

coercitive ni calendrier. Seul élément positif, l'attribution par les pays industrialisés de 30 milliards de dollars entre 2010 et 2012 et de 100 milliards d'ici 2020 aux pays pauvres pour s'adapter et limiter leurs émissions. Et encore ! Le chiffre de 100 milliards de dollars d'aide d'ici 2020 a été évoqué, mais sans répartition des contributions à verser par les pays donateurs ni détermination des pays qui recevraient ces aides.

En 2012, *back to Rio* dans un contexte encore plus « brûlant » que le précédent sommet ! Les derniers travaux du Giec viennent d'apporter la preuve que le réchauffement climatique s'accélérait plus vite que prévu. Il y a le feu au climat ! Pour Rio + 20, le changement climatique est une « priorité mondiale urgente » mais, une fois de plus, le chiffrage des mesures et le financement sont les grands absents du communiqué final et les 283 résolutions se résument à des vœux pieux.

Le 5e et dernier rapport du Giec finit de tirer la sonnette d'alarme. À moyen terme, il faut réduire drastiquement les émissions de gaz à effet de serre pour espérer maintenir l'objectif de Copenhague et ne pas dépasser le seuil de 2 °C avant 2100. Au-delà de ces 2 °C, la planète met en danger l'humanité et la machine climatique risque de s'emballer. L'enjeu nécessite un rétropédalage vigoureux, la réduction de toutes les émissions mondiales de 40 % à 70 % d'ici 2050, et des émissions proches de zéro en 2100. Globalement, le système économique devra fonctionner en absorbant du dioxyde de carbone plutôt qu'en en émettant. Une gageure ? Il faut malgré tout saluer l'accord bilatéral signé le 12 novembre 2014 entre les États-Unis et la Chine, Washington s'engageant à baisser ses rejets polluants de 26 % à 28 % d'ici 2025 par rapport à 2005, et Pékin à plafonner ses émissions autour de 2030. Ce sursaut de la Chine est d'ailleurs une autre lueur encourageante.

En 2012, le 3e plénum du Parti Communiste Chinois avait promu le développement d'une « civilisation écologique [...], projet à long terme dont dépendent le bonheur de la population et l'avenir de la nation chinoise ». « Face à une situation difficile – où les contraintes des ressources naturelles se durcissent, la pollution de l'environnement s'aggrave et l'écosystème se détériore –, nous devons inculquer au peuple entier les notions d'une civilisation écologique préconisant de respecter la nature, de s'adapter à ses exigences et de la préserver » (extraits du rapport d'Hu Jintao au 18e congrès du Parti Communiste Chinois, novembre 2012). Depuis, des mesures ont été prises (quotas d'émission de CO_2, taxe carbone) dans la continuité d'objectifs qui avaient été formulés pour la période 2005-2020, notamment augmenter la part des énergies renouvelables dans la production électrique de 8 % à 20 %, atteindre une puissance d'énergie éolienne de 30 GW et multiplier par 40 l'utilisation de biodiesel. Résultat prometteur ? En 2012, les émissions de CO_2 en Chine n'ont augmenté que de 4,2 % (contre une moyenne de 10 % par an de 2001 à 2011).

La prochaine réunion internationale sur le climat et l'environnement, dénommée « Paris Climat 2015 », sera une étape cruciale. Il s'agit cette fois d'arracher un accord véritablement mondial, et non plus, comme à Kyoto, entre seuls pays développés. Une tâche d'autant plus ardue que la crise économique a relégué, pour bon nombre de nations, la crise écologique au deuxième plan et que l'aggravation des tensions internationales représente un handicap supplémentaire.

Et la France dans tout ça ?

Quel que soit le scénario, le climat va continuer de changer et le changement sera de plus en plus perceptible. Avec quelques spécificités hexagonales probables. En septembre 2014, un nouveau rapport coordonné par le climatologue Jean Jouzel, effectué par l'Onerc[9] est venu préciser concrètement la hausse des températures attendue en France d'ici la fin du siècle. Sans surprise, l'Hexagone n'échappera pas au réchauffement climatique et la hausse des températures risque d'y être plus importante qu'en moyenne planétaire. Plus chaude et plus pluvieuse dans les années à venir, la France devrait connaître des étés pouvant afficher jusqu'à 5 °C de plus d'ici la fin du siècle et des épisodes climatiques extrêmes plus fréquents. De Marseille à Calais, de Brest à Strasbourg, le Sud monte au nord et la France aura des allures d'outre-mer avec des températures supérieures : par rapport à la période 1976-2005, + 0,6 °C à + 1,3 °C dès 2050, et + 2,6 °C à 5,3 °C dès les années 2071-2100. Pour mieux appréhender ce que ces hausses signifient, il faut savoir qu'un seul petit degré de plus correspond, en France, à un déplacement du sud vers le nord de 180 km environ.

1,3 °C, c'est le réchauffement qu'a connu la France entre 1901 et 2012. Autrement dit, ce qui s'est passé en 112 ans pourrait se produire en 35 ans.

Première conséquence de cette remontée du Sud, des vagues de chaleur à la fois plus longues, plus intenses

---

9 Observatoire National sur les Effets du Réchauffement Climatique. Cette étude, réalisée à partir des modèles hexagonaux développés par Météo France et l'Institut Pierre Simon Laplace (IPSL), avait été commandée en 2010 par le secrétariat d'État à l'Écologie.

et plus fréquentes. À l'horizon 2071-2100, l'été de la canicule 2003 pourrait devenir la norme, un été sur deux (températures à 35 °C sur plus de vingt jours d'affilée), ainsi que des conditions plus extrêmes, entre autres dans le sud-est de la France, et un thermomètre qui pourrait s'affoler dans les grandes villes. Les épisodes de sécheresse se renforceront également, notamment dans le sud du pays alors que les vagues de froids vont se raréfier, surtout dans le nord-est.

Les autres événements météorologiques sont plus difficiles à affirmer. Car, si les températures se laissent plutôt bien prévoir, les précipitations résistent à l'investigation scientifique et aux supercalculateurs les plus puissants. Une chose est sûre, les épisodes extrêmes seront plus fréquents, avec une météo plus violente, des inondations, des pluies diluviennes, des tempêtes, tout cela par le simple entraînement du réchauffement lui-même. Et pour cause : une simple hausse de 1 °C génère 7 % de vapeur d'eau en plus dans l'atmosphère ce qui, par évaporation, va contribuer à accélérer la formation des nuages et la force des pluies. Il faut également noter que la hausse des températures asséchera le sol.

Une autre spécificité « made in France » pourrait également tenir au comportement du Gulf Stream. Véritable petit radiateur des côtes européennes, c'est un courant chaud de surface, visible à l'œil nu, qui prend sa source dans le golfe du Mexique et se dilue dans l'Atlantique près du Groenland. Au cours de ce long trajet, il réchauffe les zones plus froides qu'il longe (comme les côtes européennes) puis perd petit à petit de sa chaleur. De 25 °C à son départ, il ne fait plus que 2 °C quand il arrive au Nord, où il plonge alors dans les profondeurs de l'océan. C'est grâce à lui que les côtes ouest françaises connaissent un climat si doux alors qu'elles sont aux mêmes latitudes que celles du Canada. Eh oui, aussi étonnant que cela puisse paraître, Paris est à la même latitude que Montréal ! Le nord de la Grande-Bretagne correspond aux zones inhabitées du Canada et la Norvège a la même situation que le Groenland. C'est ça, « l'effet Gulf Stream » !

Le problème est que les effets du réchauffement, avec la fonte des glaces, pourraient atténuer ce courant. En se déversant dans l'Atlantique nord, l'eau douce provenant de la fonte du Groenland modifie en effet la salinité de l'océan, contribue à refroidir et à ralentir le Gulf Stream. Privé de son petit radiateur, l'hémisphère nord serait alors assuré de plonger dans l'âge de glace. L'histoire du climat a déjà connu un tel événement. Il y a huit mille deux cents ans environ, et plusieurs fois au cours de la dernière glaciation, le Gulf Stream s'est effectivement ralenti, déplacé et a même disparu, provoquant une véritable petite glaciation en Europe de l'Ouest. Mais qu'on se rassure, un tel phénomène n'est pas envisageable dans l'immédiat. Même si le Gulf Stream s'affaiblit, aucun scénario ne prévoit son arrêt avant 2100 et sans doute faudrait-il plusieurs siècles pour le voir disparaître définitivement. On est loin du catastrophisme climatique relaté dans le film américain *Le Jour d'après*[10] avec sa glaciation en quelques jours.

Cependant, le futur se rapproche de plus en plus vite et c'est sans doute la première fois dans l'histoire de l'humanité qu'on peut prévoir ce qui va nous arriver. Raison de plus pour s'y préparer et mettre en œuvre des solutions pour mieux vivre demain. C'est le message essentiel du Plan National d'Adaptation au Changement

---

10 *The Day After.*

Climatique présenté en 2010, qui envisage toutes les pistes possibles d'adaptation pour chaque domaine impacté. Par ailleurs, dans le cadre des négociations sur le climat, tous les États s'engagent pour tenter de parvenir à une société sobre en carbone et limiter ainsi à 2 °C l'ampleur du réchauffement climatique.

Ce livre ne présente pas seulement un panorama des conditions que nous pourrions connaître à l'horizon 2050 et après, mais il explique aussi quels leviers peuvent nous permettre de réduire drastiquement nos émissions de gaz à effet de serre et d'éviter ainsi le pire scénario.

1

LA FRANCE VUE DU CIEL DANS UN SCÉNARIO « + 4 °C »

LES PAYSAGES FRANÇAIS

Le réchauffement climatique en cours a déjà commencé à impacter nos paysages, ses effets sont visibles dans tous les milieux. Ce ne serait pas la première adaptation climatique. Sous des températures flirtant avec les – 30 °C, les forêts ont disparu à plusieurs reprises dans l'histoire, au profit des mousses et des lichens, les pingouins se sont baignés en Méditerranée et les bœufs musqués du Groenland se plaisaient sur la Côte d'Azur.

Le Sud remonte... la mer aussi

Aujourd'hui, le réchauffement se voit déjà partout. Dans le recul des glaciers, les dates de floraisons et de vendanges plus précoces, la montée du niveau de la mer et les nouveaux paysages salins, l'incursion timide de certains végétaux et la remontée vers le nord des espèces (comme le chêne vert, le houx, le chêne-liège, mais aussi des animaux, en particulier les poissons). Depuis un siècle, l'ensemble des paysages de France a déménagé : un déplacement d'environ 180 km vers le nord des bandes climatiques et botaniques. Et les choses devraient s'accélérer. À raison d'un degré de plus depuis un siècle, on peut raisonnablement penser qu'en 2030, elles auront encore progressé d'autant et que la physionomie de l'Hexagone ne sera plus tout à fait la même en 2100 si la température s'est encore élevée de 3 °C. Avec cette montée vers le nord, ce sont toutes les aires de répartition des espèces et des biotopes qui sont modifiées. Pour s'adapter, les espèces migrent… quand elles le peuvent, ce qui n'est pas le cas pour toutes. En 2050, la végétation typique de la Méditerranée française aurait gagné près d'un tiers du pays et les cépages bordelais pourraient bien se retrouver en Grande-Bretagne ou en Scandinavie !

Il n'est d'ailleurs pas sûr qu'on continue à vouloir partir vivre dans le Sud. Il suffira d'attendre et il viendra tout seul ! Parions aussi que les touristes et retraités de 2050 n'auront pas le même profil qu'en 2015. Les conditions climatiques de la Côte d'Azur et de la Provence se rapprochant de celles du Maghreb, surtout à l'intérieur des terres, ces populations pourraient être amenées à chercher la fraîcheur au bord de la façade atlantique, du Pays basque jusqu'à Brest. Une fraîcheur probable en été mais avec des hivers plus arrosés. Il faudra choisir…

Nos plages pourraient bien également avoir changé d'aspect. Littoraux érodés, côtes ravagées par l'assaut des tempêtes répétées seront probablement autant de signatures du changement climatique. Rappelons-nous la tempête du 26 décembre 1999, particulièrement dévastatrice avec des vents à 150 km/h et même 184 km/h enregistrés à Ouessant !

Des traces visibles du recul des côtes

Plusieurs lieux en France gardent la trace de ces reculs impressionnants. Le blockhaus de la plage d'Hourtin, en Aquitaine, auparavant sur les hauteurs, est aujourd'hui au niveau de la mer, à une dizaine de mètres de la nouvelle ligne de côte...
Même chose à Soulac-sur-Mer où un immeuble construit en 1967 était à l'époque à 200 m du front de mer. Pendant plus de quarante ans, la dune sur laquelle il était construit a résisté tant bien que mal à la nature déchaînée, en s'érodant petit à petit. Mais la tempête Xynthia de 2010 a fini par en avoir raison : des pans entiers se sont écroulés. Les fortes houles et tempêtes du début de l'année 2014 ont achevé le travail. Aujourd'hui, la résidence est à seulement 20 m du bord de la falaise.

Les huit tempêtes successives de l'hiver 2013-2014[11] sur le littoral aquitain ont elles aussi été d'une violence inouïe. Non seulement la côte a globalement reculé de plus de 10 m et les plages se sont affaissées de 2 à 4 m sur plus de 240 km de long, mais les vagues n'ont pas rapporté de sable l'été suivant comme elles le font normalement. Résultat, la façade atlantique est à nu, fragilisée pour affronter les prochaines décennies avec des protections minimales pour ses dunes. La caractéristique de ces tempêtes en rafales ne résidait pas dans la hauteur record des vagues, mais dans leur cadence. Une cadence si rapide que la nature n'a pu reprendre son souffle. C'est cela qui est historique ! Depuis, à certains endroits, le trait de côte a enregistré un recul de 5 à 20 m. Ce retrait a même parfois atteint 40 m dans certaines villes comme Soulac-sur-Mer, en Gironde.

Ce phénomène de régression des plages n'est pas une caractéristique française. 70 % des plages dans le monde auraient d'ores et déjà régressé, 20 % seraient stables et

---

11 De décembre 2013 à mars 2014.

10 % seulement s'agrandiraient[12]. En cause ? Outre les tempêtes, le charriement moins important de sable transporté par nos fleuves dans la mer à cause des barrages en amont, qui bloquent et interrompent les échanges amont-aval. La Loire, la Vilaine, le Blavet, la Garonne ou le Rhône sont autant de précieux agents de transport de ces sables qui, normalement, viennent reconstituer nos plages. S'ils n'arrivent plus à jouer ce rôle, qui jouera celui du marchand de sable pour nous éviter les seules plages de galets ?

Dunkerque et Calais, des Venise françaises en 2050 ?

Calais encerclée par la mer, Dunkerque et le nord de la Belgique victimes de fortes inondations, la Camargue sous les eaux. Certaines régions côtières pourraient être modifiées d'ici cinquante à cent ans. S'il est impossible de prévoir avec exactitude la montée du niveau des mers, selon un nombre croissant d'études, une hausse moyenne de 1 m semble probable à l'horizon 2100, et de 40 cm en 2050, dans un scénario à + 4 °C.

Dans ce scénario, le nord de la France sera fortement touché, tout comme la Belgique, estime le Cresis[13], un organisme américain chargé de mesurer et prévoir les variations du niveau des mers.

Les habitants de Calais assisteraient à l'isolement de leur ville par suite des inondations multiples. En Normandie, les alentours de Carentan seraient submergés. Des points d'eau apparaîtraient au sud de Cabourg et au nord-est de Caen ainsi qu'à Lorient. Les deux tiers de l'île de Ré pourraient se retrouver sous les vagues. Quant aux Saintes-Maries-de-la-Mer, il est probable qu'on emprunte une gondole pour circuler de rue en rue...

Dans l'hypothèse d'un scénario à + 4 °C en 2100 et d'une totale inaction de l'homme, il y a fort à parier qu'une bonne partie de notre côte atlantique, de nos îles

---

12 Étude de Roland Paskoff, chercheur, enseignant, expert auprès de l'Unesco, membre du conseil scientifique du Conservatoire du littoral.
13 Center for Remote Sensing of Ice Sheets.

et littoraux sans relief, Languedoc, Camargue, Côte d'Opale ou île de Sein, aient « les pieds dans l'eau » dès 2050. Nice et Sète sur la façade méditerranéenne, Bordeaux et Dunkerque (où est basée la centrale nucléaire de Gravelines), sans oublier Saint-Nazaire, Le Havre, Bayonne ou La Rochelle, pourraient commencer à sentir le mouillé. Quant au bassin d'Arcachon, il a de sérieux risques d'être comblé par les tonnes de matériaux arrachés par la mer aux dunes aquitaines, avec la plage de l'Amélie amputée de 76 % et celle de la dune du Pyla de plus de 80 %.

Pourtant, personne ne peut dire ce qu'il en sera précisément pour telle ou telle région. Tout dépendra de l'évolution des glaciers. De plus, si la chaleur provoque la fonte des glaces en Arctique et Antarctique, la hausse de l'humidité génère aussi des précipitations qui viendront alimenter ces glaciers et ceux des montagnes. Alors, quel phénomène prendra l'autre de vitesse ? Fonte de glaces ou nouvel apport ? Difficile de le savoir…

L'eau des lacs et des rivières se réchauffe

Aujourd'hui, non seulement nos rivières font les frais du bétonnage de leurs rives ou des grands barrages hydroélectriques, mais elles pâtissent également du changement climatique qui est venu changer les propriétés physiques, chimiques et biologiques de leurs eaux. Ce n'est pas tant le réchauffement de l'eau de quelques petits degrés qui pose problème que les modifications impliquées dans le rythme des saisons et leurs conséquences sur la biodiversité. Les algues et les animaux planctoniques se développent plus tôt, leur période de croissance est allongée, de même que pour les poissons, qui voient leurs dates de reproduction avancées.

Depuis 1990, la Loire, par exemple, a vu sa température augmenter de 1,5 à 2 °C, ce qui pourrait à terme poser de gros problèmes d'adaptation, voire de survie, à ses espèces emblématiques, le saumon et la truite. Les poissons étant incapables de réguler leur température par eux-mêmes, ils adoptent la température du milieu où ils sont. Si celles-ci augmente, ils vont naturellement changer leur métabolisme et, en montant leur température, compromettre leur survie à long terme. Des fleuves comme l'Adour ou la Gironde ont vu leurs populations d'aloses, une espèce de poisson migrateur de la même famille que le hareng et la sardine, passer de plus de 1 million d'individus à moins de 20 000 après la canicule de 2003 !

Le Rhône est victime du même réchauffement. En trente ans, à son embouchure, ses eaux se sont réchauffées de 2 °C et, d'ici 2050, son débit devrait perdre 30 %. En conséquence, le Rhône a vu ses habitants habituels le déserter. Le bétonnage et l'artificialisation de ses rives, couplés au réchauffement, ont progressivement chassé les poissons d'eau froide, remplacés par des espèces qui aiment l'eau chaude (carpes, gardons…). Au cours des vingt dernières années, la richesse des communautés de poissons a littéralement explosé avec l'apparition de poissons méridionaux, pour la plupart des espèces invasives qui se multiplient au détriment des populations locales. Si la disparition de ces autochtones est regrettable, néanmoins, d'autres espèces s'adaptent à ce milieu.

Le changement climatique impacte également la disponibilité de l'eau. Dans bon nombre de régions, elle est déjà insuffisante ou en tout cas utilisée trop intensivement pour avoir le temps de reconstituer ses réserves. Selon un rapport de 2013 du Centre d'Analyse Stratégique, quelques grands bassins-versants (Seine-Normandie, Adour-Garonne et Rhône-Méditerranée) risquent de manquer d'eau potable et d'eau pour l'irrigation à l'horizon 2030. Avec l'élévation des températures, et donc l'évaporation, on peut s'attendre à ce que pas mal de lacs ou de rivières s'assèchent plus qu'auparavant. La baisse des débits des cours d'eau en été pourrait même atteindre 20 à 25 % d'ici 2100, selon les régions. Or 60 % des prélèvements faits sur les eaux de surface servent à nous pourvoir en eau potable. Par ailleurs, de nombreuses activités ont besoin de rivières bien alimentées : l'agriculture pour l'irrigation, le secteur énergétique pour refroidir ses centrales et faire fonctionner ses barrages, le tourisme pour ses activités balnéaires, le transport fluvial... Les prélèvements d'eau doivent cependant respecter l'étiage des rivières pour ménager les écosystèmes aquatiques.

Plus rare, cette eau est aussi plus opaque. De nombreux lacs et rivières aux eaux autrefois transparentes sont aujourd'hui troubles, car il y a moins d'eau pour charrier plus de nutriments, d'algues, de boue. Ce phénomène va perdurer et nous devrons nous y adapter à grands coups d'infrastructures de traitement coûteuses.

Nous ne serons pas les seuls à pâtir de cette turbidité, dont bon nombre de poissons ne sont pas particulièrement friands. C'est le cas des saumons ou des truites, qui apprécient naturellement l'eau douce, froide, claire et… bien oxygénée, ce qui ne sera, là encore, peut-être plus le cas de nombreux cours d'eau. Maintenue à la surface comme un couvercle par l'effet de hausse de la température de l'air, l'eau chaude des lacs ne se mélange plus comme avant avec l'eau froide des profondeurs. Résultat, le brassage ne se fait plus, ou moins bien, et toutes les espèces des grands fonds en font les frais.

Nos lacs connaissent la même évolution. Des recherches effectuées par l'Inra dans le lac Léman font la preuve que celui-ci s'est réchauffé de 1 °C depuis quarante ans. Certains poissons y trouvent leur compte pour l'instant (jusqu'à quand ?), d'autres n'y survivront probablement pas. Ce sera sans doute le cas de l'omble chevalier, une espèce qui a impérativement besoin d'une eau à moins de 8 °C pour que les femelles déclenchent la production d'œufs. Or, si ces 8 °C tardent à arriver, la reproduction se passe mal et l'espèce finira par disparaître. Les corégones (ou féras) sont, quant à eux, ravis de ce décalage des saisons, à en croire leur prolifération actuelle dans les grands lacs.

Il est très difficile de pointer du doigt la responsabilité exacte du réchauffement climatique dans tous ces changements qui affectent nos lacs et nos rivières. Sont-ils uniquement dus à l'effet du climat ou y a-t-il aussi des causes anthropiques comme l'occupation des sols, l'agriculture ? Et avec quel degré de responsabilité ? Les augmentations parfois constatées en concentration de nutriments (nitrates, phosphates issus des eaux usées et du ruissellement...) sont-elles, par exemple, plutôt dues aux crues qu'engendre le changement climatique qu'à l'action de l'homme dans son champ ou sa ville ? Il est difficile d'isoler chaque contributeur.

Le Giec lui-même y perd son latin. Dans son rapport, très peu de changements pour les milieux aquatiques sont réellement déterminés comme étant « à coup sûr » les effets du seul réchauffement climatique. Il existe tant de variabilité à l'échelle locale que tout cela reste difficile à modéliser. Deux lacs soumis au même climat, situés à quelques dizaines de kilomètres l'un de l'autre, ressentiront les effets du climat de façon totalement différente selon leur taille, le type de rivières qui les alimentent, leur exposition au vent ; seulement 50 % de leurs réponses seront similaires. Un casse-tête absolu qui explique le retard pris par l'étude des milieux aquatiques dans la lutte contre le réchauffement climatique. En revanche, on sait que l'impact des effets climatiques est toujours plus fort quand ils touchent un milieu déjà fragilisé par l'homme.

Nos glaciers sont, eux aussi, à l'épreuve depuis quelque temps. La Mer de glace, sur le massif du Mont-Blanc, en est la plus flagrante démonstration. En quelques décennies, la carte postale a changé. Au blanc de la glace s'est substitué un triste terrain gris de cailloux. La diminution de l'épaisseur des glaciers sur l'ensemble des Alpes est passée en moyenne de − 33 cm au cours du XXe siècle à − 1,1 m pour la seule dernière décennie. Quant aux glaciers pyrénéens, ils ont déjà perdu près de 80 % de leur surface, et certains experts prédisent leur fin pour 2055.

Autre menace sérieuse au plan mondial, le dégel du pergélisol. Ce sol gelé en permanence, typique des régions arctiques et de très haute montagne, piège le méthane, un gaz à effet de serre particulièrement toxique pour l'environnement. L'eau qui s'infiltre dans les roches fracturées des montagnes agit en réalité comme un ciment qui stabilise les massifs. En se réchauffant, cette eau, présente dans les roches comme dans les sous-sols, provoque des éboulements tels que ceux qu'on a observés dans le massif du Mont-Blanc. Depuis 1980, plus de 182 éboulements ont été dénombrés. Certains sont parfois particulièrement impressionnants, comme en 2005, où 265 000 m³ de granit se sont détachés d'un seul coup de plusieurs parois rocheuses fréquentées par les alpinistes. En 2010, ce sont 12 000 m³ de roches qui se sont écroulées le long de la façade ouest des Drus, au point qu'un épais nuage de poussière a soudainement envahi les rues de Chamonix !

Côté sports d'hiver, avec 1 à 2 semaines de neige en moins par an et une couverture neigeuse qui sera décalée plus haut de 150 m par degré supplémentaire, de nombreux domaines skiables seront en cours de reconversion en 2050. Il faudra aller chercher la neige très haut. Selon les prévisions, les Alpes-Maritimes et la Savoie perdraient au moins deux domaines skiables rentables, les Alpes de Haute-Provence et l'Isère en perdraient trois, la Haute-Savoie neuf, et Cauterets, dans les Pyrénées serait « mal en point ». Avec 4 °C de plus, c'est un quart voire un tiers des stations des Alpes qui ne reverraient pas leurs clients hivernaux. Dans les moyennes montagnes (Vosges, Jura ou Massif central), on ne fera plus de ski que sur herbe !

Plages en régression, villes inondées… Comment éviter à notre cher territoire une carte postale de désolation dans ce scénario du pire, qui doit être évité en réduisant vite et fortement nos émissions de GES ? Un certain nombre de stratégies d'adaptation peuvent être mises en place dès à présent.

Des solutions pour un « retour au bon état hydrologique »

Programmé en 2000 pour être effectif en 2015, puis disparu des écrans radars, et enfin reporté à 2021, l'objectif de la directive-cadre européenne sur l'eau vise « le retour au bon état écologique et à l'intégrité de la connexion hydrologique ». En termes simples, cela veut dire qu'il faut que nos rivières soient soumises à moins de pollutions et retrouvent leur cours naturel, avec moins d'obstacles et d'interventions contraignantes de l'homme. Elles pourraient ainsi reconstituer une capacité immunitaire qui leur permette d'affronter le stress du changement climatique. Une initiative louable mais un sacré casse-tête pour un pays comme la France, suréquipée en barrages hydroélectriques et agricoles.

Car si le barrage est d'une utilité économique évidente, il est souvent problématique en termes d'environnement. Quatre ou cinq barrages le long d'un cours d'eau modifient toute la rivière : ses échanges amont-aval, son régime thermique, sa composition minérale, ses sédiments, son débit, ses espèces… La disparition de la très grande pêcherie-conserverie située sur le Douro, au Portugal, en est un exemple probant. Autrefois florissante dans le commerce d'aloses, cette pêcherie a mis la clé sous la porte dix ans après la construction de plusieurs barrages en amont et la régulation du fleuve par des écluses. L'espèce[14] avait totalement disparu.

Outre les modifications internes que ces barrages infligent aux cours d'eau, ils en interdisent également les crues. Or celles-ci peuvent être extrêmement bénéfiques pour le brassage et l'oxygénation, ainsi que pour la température de l'eau. Une bonne vieille crue (sans dégâts graves) ne peut faire que du bien aux hydrosystèmes ! Hélas ! À force d'avoir canalisé les affluents, régulé les niveaux pour qu'ils soient constants, construit des retenues, ces lacs et rivières ont perdu toute flexibilité hydrologique. Comment faire accepter un tel retour à la nature après tant d'efforts de domptage et d'apprivoisement ?

Certes, on ne peut détruire tous les barrages mais peut-être pourrait-on ne garder que les plus efficaces ? La proposition est d'autant moins farfelue qu'on s'est aperçu, grâce au Grenelle de l'environnement, que certains de ces grands barrages (entre 15 et 40 m) ne servaient à rien. C'est le cas à Poutès, sur l'Allier, et celui de deux autres barrages sur la Sélune, une rivière de la baie du Mont-Saint-Michel. Les Américains, qui ont supprimé leurs

---

14 Peu sportive, l'alose est incapable de franchir une paroi verticale haute comme une grande marche et peut, de ce fait, se retrouver bloquée par de nombreux obstacles.

barrages les plus inefficaces pour en optimiser d'autres, ont compris depuis longtemps que la stratégie était payante sur deux fronts : le tiroir-caisse et l'écologie (avec un retour massif de la biodiversité et des poissons).

Bien d'autres coups de pouce peuvent encore être donnés pour que nos rivières aient plus de ressources pour mieux supporter le changement climatique. Introduire de jeunes poissons pour repeupler un lac, sauver des œufs innocemment déposés sur un fond sans oxygène par une maman poisson tributaire de ses instincts, réguler telle ou telle population de prédateurs sont autant d'actions que l'homme sait faire pour aider la nature. Et pas seulement dans les réserves ou les chasses gardées ! Aussi étonnant que cela paraisse, le plus perdu des lacs d'altitude a de fortes chances d'être ainsi assisté par quelques petites mains humaines sans que vous le sachiez…

Tour à tour, chaleur, pluie et sécheresse mettront nos terres au régime de la douche écossaise. Comment éviter que des régions entières de France se retrouvent une année sans eau ? De nombreuses possibilités existent. On peut construire des bassins de rétention ou recharger artificiellement les nappes phréatiques en prévision des périodes difficiles[15]. On peut également créer de nouvelles usines de dessalement d'eau de mer, des réservoirs d'eau de pluie. Malgré leur impact environnemental qui restera à maîtriser, de tels équipements permettraient d'assurer les besoins domestiques des populations, mais aussi l'irrigation des surfaces agricoles, ainsi que l'alimentation indispensable de nos centrales nucléaires, une autre contingence vitale pour notre pays.

Pour faire face au risque d'inondation de nos villes et villages, on peut décider d'équiper nos agglomérations

---

15 Une telle étude est en cours sur le bassin de la Seine.

en matériaux entièrement poreux ou drainants sur les trottoirs ou les chaussées. On pourrait créer des bassins de rétention en amont des cours d'eau. Mais cela veut aussi dire accepter de noyer temporairement des surfaces agricoles… Si l'on décide de vivre en intégrant le risque au quotidien, on optera pour d'autres méthodes comme la construction sur pilotis dans certains quartiers[16], des habitations « flottantes[17] » ou l'abandon de terres agricoles à risques.

Ce type de stratégie a fait ses preuves en matière de préservation des côtes. Certaines villes du monde l'ont déjà bien compris en mettant en place des digues ou des barrages susceptibles de les protéger contre une montée des eaux de plusieurs mètres. Cela fait bien longtemps que les Pays-Bas ou l'Angleterre ont mis les grands moyens pour qu'Amsterdam, Rotterdam ou Londres ne terminent pas en cités englouties. Leurs solutions passent aussi bien par l'interdiction des habitations ou des infrastructures dans des zones à risques que par des travaux titanesques de constructions d'écluses, barrages ou digues.

Les mesures de prévention sont également affaire de bon sens. Face aux dangers, les premières actions consistent surtout à ne pas aller contre la fatalité. Éviter de construire en bord de mer, respecter les zones potentiellement inondables, renforcer les ouvrages de protection, se prémunir contre les infiltrations de l'eau de mer dans les nappes phréatiques, et revoir nos lois littorales. La bande littorale des 100 m rendue théoriquement inconstructible par la loi Littoral de 1986 devra plus sérieusement passer

---

16 Comme c'est le cas au Bangladesh.

17 Pour gagner du terrain et anticiper l'élévation du niveau de la mer, Amsterdam a créé en 1998 le quartier d'Ijburg, composé de quatre îles artificielles, auxquelles sont ancrées une centaine de maisons flottantes.

à 250 m et les constructions être interdites à moins de 500 m du rivage. Problème, en France, cette bande est urbanisée à 25 % ! 900 communes y sont implantées, dont 10 % accueillent l'essentiel des touristes. Il faudra bien faire des choix : dévier les routes et les infrastructures, déménager les immeubles et structures hôtelières en place… question de survie. Mais à quel prix ? Ces travaux d'adaptation ont un coût faramineux qui ne peut être payé que là où c'est économiquement rentable : un grand port, une ville ou une zone touristique importante. Ailleurs, la question se posera inéluctablement : vaut-il mieux résister et y mettre les moyens ou fuir en s'avouant vaincu ? C'est bien pour échapper à ce dilemme du scénario à + 4 °C que les États négocient pour réduire dès maintenant leurs émissions de GES.

LA BIODIVERSITÉ

Quand l'ONU décrète une « année internationale » de quelque chose, c'est en général que ce « quelque chose » a de sérieux problèmes… La biodiversité a eu droit à son année en 2010. En effet, la faune et la flore étant partie intégrante des écosystèmes, elles sont forcément impactées par les modifications climatiques. Même si de nombreuses incertitudes demeurent sur le sujet[18], parions que certaines espèces vont se raréfier ou disparaître, d'autres au contraire proliférer dans des lieux où on ne les attendait pas.

---

18 Comme pour bon nombre de domaines liés au changement climatique, il existe encore une grande incertitude sur les changements qui affecteront la biodiversité. On ne peut actuellement faire de prédiction, mais seulement des hypothèses qui évoluent au fur et à mesure de l'avancée des connaissances.

Inquiétude sur les extinctions

Le déclin de la biodiversité est connu depuis les années 1970. Normal, diront certains, puisque, de tout temps, les espèces se sont éteintes et renouvelées. Le problème, inédit, c'est que les espèces vivantes s'éteignent aujourd'hui à un rythme 1 000 fois plus rapide que ce qui s'est passé depuis les 65 derniers millions d'années. Considérée à l'échelle géologique, c'est une disparition quasi instantanée, une « supernova biologique ». La plus meurtrière, survenue il y a environ 250 millions d'années, avait affecté 95 % des espèces marines et 70 % des espèces continentales. Comme les autres grandes crises d'extinctions majeures qu'a connues la planète, elle avait eu des conséquences durant des millions d'années mais s'était étalée sur plusieurs milliers de siècles. Parce que l'homme a constaté que la vie a été capable de s'adapter au changement, il sait aussi que toutes les espèces ne sont pas douées de la même capacité, particulièrement quand les changements sont aussi rapides.

Le débat sur cette adaptation agite régulièrement la communauté scientifique. Entre les optimistes qui pensent que la nature a toujours démontré son aptitude à s'adapter et ceux qui évoquent une évolution beaucoup trop rapide, comment arbitrer ? Doit-on, par exemple, continuer à laisser dépérir les chênes de la forêt de Vierzon, mal en point mais très rentables à court terme, en espérant une improbable adaptation ? Ou faut-il tout de suite commencer à prévoir leur renouvellement en plantant de nouvelles espèces, à la rentabilité plus lointaine ? Avec quelle assurance que ce qu'on plante maintenant conviendra pour 2100 ? Inversement, est-on certain que ce qu'on plante pour 2100 est bien adapté à aujourd'hui ?

En attendant, une synthèse récente[19], élaborée à partir de 131 études portant sur plusieurs espèces, fait état d'un risque d'extinction actuel de 2,8 % des espèces considérées. Il monte à 5,2 % pour une température planétaire qui serait supérieure de 2 °C à la température mesurée en 1850 (augmentation correspondant à l'objectif climatique fixé à la conférence de Copenhague, en 2009). Mais ce risque grimpe à 8,5 % pour une élévation de 3 °C. Et explose à 16 % pour une hausse de 4,3 °C (ce que donnerait la poursuite des trajectoires actuelles d'émissions de gaz à effet de serre). La liste rouge des espèces menacées compte le quart des mammifères existant aujourd'hui, un oiseau sur huit, le tiers des amphibiens, de nombreuses espèces végétales et des écosystèmes entiers. Pour nombre de spécialistes, une « sixième extinction de masse » du même ordre de grandeur que les cinq autres grandes crises biologiques a déjà commencé, et 1/6e des espèces pourrait disparaître si nous poursuivons notre cadence actuelle d'émissions carbone.

L'adaptation des espèces

Pourtant, partout sur la planète, les espèces migrent, leurs populations changent de taille, les dates d'accouplement ou de migrations évoluent, les naissances ou les floraisons ont lieu de plus en plus tôt, les espèces montagnardes montent d'un cran en altitude, d'autres se déplacent vers des latitudes plus septentrionales... En France, en trente ans, la floraison des pommiers s'est avancée d'une dizaine de jours et les vendanges de deux à trois semaines. Certaines espèces animales et végétales

---

19 Urban M., Hille Ris Lambers J., « Extinction risks from climate change », *Science*, mai 2015.

sont même allées jusqu'à rapetisser pour mieux s'adapter ! Un phénomène similaire s'était passé il y a 55 millions d'années quand la Terre s'était réchauffée de 6 °C en vingt mille ans environ. Des animaux avaient alors perdu jusqu'à 75 % de leur taille ! Araignées, guêpes, fourmis ou scarabées avaient réduit de 50 à 75 % leur taille habituelle et certains mammifères comme les écureuils ou les rats étaient 40 % plus petits. Certains animaux de notre époque ont amorcé le même processus. Les ours polaires, les cerfs, certains moutons mais aussi les mouettes, les tortues, les lézards ou les crapauds sont déjà plus petits. Sur 85 espèces étudiées, une quarantaine ont vu leur taille diminuer depuis une vingtaine d'années pour pallier le manque de végétaux lié à la hausse des températures.

Outre cette adaptation biologique et morphologique, d'autres stratégies naturelles sont mises en place par les espèces. Le déménagement en est une. Depuis 1970, animaux et plantes se sont déplacés à la vitesse de 16,9 km par décennie (soit presque 20 cm par heure) vers des latitudes plus fraîches pour y trouver meilleur gîte et couvert[20] ! Résultat, on voit s'installer à certains endroits des espèces encore jamais venues dans le coin. Des groupes de sauterelles, de libellules ou de papillons de nuit sont montés vers le nord. Certains papillons ont déjà migré de 35 à 200 km vers des régions plus septentrionales depuis un siècle. L'hirondelle, elle, n'annonce plus vraiment le printemps depuis des années pour la bonne raison qu'elle reste de plus en plus chez nous en hiver. Pourquoi partirait-elle en Afrique comme elle le faisait jusqu'alors puisque, grâce à la nouvelle chaleur, elle peut

---

20 Dans l'hémisphère nord, les espèces migrent au nord ; dans l'hémisphère sud, elles partent au sud.

désormais se nourrir d'insectes sans bouger de l'Hexagone ? La chenille processionnaire du pin est, elle aussi, partie s'installer ailleurs. Cantonnée au Sud il y a encore vingt ans, elle a franchi la Loire. On la trouve notamment au Parc floral de Vincennes, où les pique-niques ont été interdits pendant les quelques semaines où elle peut causer de graves problèmes à l'homme et aux animaux domestiques. Comme elle, certaines espèces animales s'en donnent à cœur joie pour proliférer dans de nouveaux espaces. C'est le cas du sanglier qui pullule en Ile-de-France, des chevreuils que les chasseurs peinent à réguler, du lynx, qui s'accroît notablement entre le Jura, les Vosges et les Alpes, et même du loup, qui gagne chaque année un peu plus de terrain au Nord[21]... Partis d'Italie du Sud, les loups sont aujourd'hui présents dans le Vercors, le Mercantour, l'Aude et même le Massif central.

Dans les mers, même remue-ménage. Les eaux plus chaudes voient refluer vers le nord les espèces qui craignent la chaleur, l'espace vacant étant immédiatement colonisé par les espèces du Sud. La nature ayant horreur du vide, s'imposer dans un nouveau lieu se fait en général au détriment des espèces autochtones. En montagne, plantes et animaux auraient grimpé en altitude de 11 m par décennie au cours des quarante dernières années. Mais ils ne pourront pas grimper indéfiniment, particulièrement en moyenne montagne. En outre, plus on monte vers les hauts sommets (2 000 à 3 000 m), plus l'oxygène se raréfie, plus les surfaces disponibles se réduisent et plus les espèces sont soumises à concur-

---

21 Notons que, dans ces cas, le responsable n'est probablement pas le changement climatique, mais bien davantage la déprise agricole, qui se traduit par l'abandon de l'activité de culture et d'élevage sur de nombreux territoires, ainsi que le changement de la pression de chasse.

rence. La guerre des espèces au sommet est d'ores et déjà déclarée...

Le changement climatique n'est pas le seul coupable. Les autres grands fautifs sont la dégradation des milieux naturels, la déforestation, la pollution, la prédation excessive et la surexploitation des ressources naturelles, les introductions anarchiques d'espèces au sein d'un milieu. Tous ces phénomènes ont un point commun : l'homme.

Le changement climatique n'est qu'un facteur supplémentaire dans la liste des effets de l'homme sur la biodiversité. Une étude parue dans *Nature* en 2004 prévoyait déjà qu'au moins un quart des animaux et plantes terrestres disparaîtraient d'ici 2050 si aucune réduction massive des émissions de gaz à effet de serre ne se produisait. Et sur 250 espèces d'oiseaux européens, près de 75 % vont voir leurs aires de distribution se réduire dans les prochaines décennies[22]. En 2014, le 5e rapport du Giec confirme qu'une large part des espèces terrestres et marines ne seront pas capables de se déplacer suffisamment vite pour trouver des climats adaptés à leur survie. De façon générale, les espèces « de niche », c'est-à-dire celles qui dépendent d'un environnement très particulier (d'un torrent de montagne, par exemple) ont moins de chance d'arriver à s'adapter que les « ubiquistes », les opportunistes en quelque sorte, qui s'accommodent presque de tout.

Résultat : ne survivent que les espèces dont les capacités d'adaptation sont les plus souples, au détriment des plus exigeantes. Certaines n'ont pratiquement aucune chance de survie. C'est le cas du lieu jaune, qui risque fort de

---

22 Gregory R.D. *et al.*, « An Indicator of the Impact of Climatic Change on European Bird Populations », *Plos One*, 2009.

disparaître de la mer du Nord, du saumon, de la truite ou du brochet pour ne parler que des espèces de chez nous[23]. Pour beaucoup d'espèces de poissons, le risque d'extinction est aussi lié à la surexploitation et à la pollution, et leur population est complètement résiduelle au regard de ce qu'il y avait dans nos cours d'eau cinquante ou soixante ans auparavant. Le métier de « pêcheur professionnel en eau douce » a aujourd'hui complètement disparu !

Ces changements d'habitats posent de multiples problèmes. La fragilisation des espèces autochtones tient aussi à ce qu'elles sont exposées à de nouveaux parasites et maladies. L'équilibre proie-prédateur est perturbé. Car il suffit qu'une espèce migre, disparaisse ou que son cycle évolue, et tous ceux qui en dépendent sont mis en danger. Beaucoup d'oiseaux migrateurs en ont fait les frais. Habitués depuis des millénaires à parvenir dans leur région d'accueil au moment de l'éclosion des jeunes chenilles, ils arrivent désormais trop tard. Fini les délicieuses petites viandes sur pattes qui régalaient le gosier des oisillons : les jeunes chenilles se sont toutes transformées en papillons un mois plus tôt ! Et que dire des oiseaux qui ne trouvent plus un seul papillon commun à se mettre sous la dent ? Plus rapides que leurs prédateurs, la plupart de ces espèces (qui sont aussi des ravageurs) ont en effet migré vers le nord, où elles prolifèrent en détruisant champs et cultures. Au Canada, de nombreuses forêts

---

23 À l'échelle mondiale, de nombreuses espèces ne survivront pas. C'est le cas de celles vivant dans des zones qui subissent un réchauffement supérieur à la moyenne (les régions polaires par exemple, avec de surcroît l'impossibilité de monter plus haut) comme l'ours blanc, les oiseaux ou les mammifères marins, et des espèces sensibles ou déjà en trop petit nombre comme les orangs-outans, les baleines, les tigres, les coraux…

subissent depuis quelques années les attaques massives d'insectes ravageurs privés de leurs prédateurs habituels. Cette absence de prédateurs explique probablement aussi l'invasion, sur les côtes bretonnes, de nouveaux crustacés qui ont éliminé les espèces autochtones. Et celle de *Caulerpa taxifolia*, l'algue dite « tueuse », échappée de l'aquarium de Monaco. Cependant, la prolifération de cette dernière n'était peut-être pas liée au réchauffement, et elle semble s'être arrêtée, en Méditerranée.

Le stress des forêts

Dans cette course à l'adaptation climatique, certains seront plus désavantagés que d'autres. C'est le cas de la forêt. Incapables de se déplacer aussi vite que les arbustes, les herbes au pied de leurs troncs ou encore les insectes et champignons qui les attaquent, les arbres seront toujours en retard sur le climat. Et sur la migration de ceux qui contribuent à son environnement. Ceux-là, en « prenant le train » bien avant, vont contribuer au déséquilibre de l'écosystème des forêts. Car une forêt est avant tout un refuge de biodiversité végétale et animale d'une incroyable richesse. Des plantes, des mousses, des fougères, des oiseaux, des insectes, des champignons, des micro-organismes par millions… Le bois ne peut exister sans son sous-bois. Et un seul arbre abrite à lui seul plus de 100 espèces !

De plus, à la différence des cultures annuelles, comme le blé que l'on repique chaque année, les arbres sont plantés pour cinquante ou cent ans voire beaucoup plus ! Autant d'années au cours desquelles, faute d'avoir pu remettre le compteur à 0, les arbres vont subir et accumuler des épisodes climatiques qui peuvent les fragiliser un peu plus chaque fois.

Favorisés pour le moment par l'augmentation du CO_2 dans l'atmosphère et la stimulation de la photosynthèse[24], la plupart des arbres de nos forêts voient leur période de croissance s'allonger. Les bourgeons éclosent plus tôt alors que les feuilles tombent plus tard, les arbres deviennent plus hauts et plus grands qu'auparavant, donc la productivité s'accroît de 40 %. Une bonne chose, direz-vous. Oui, sauf que cela ne devrait pas durer. Car si les arbres aiment le CO_2, ils n'apprécient guère les autres effets du changement climatique. Les températures excessives, les tempêtes, les épisodes de sécheresse à répétition qui fragilisent le bois, favorisent les incendies et le développement des parasites. Plus que la hausse moyenne des températures, ce que déteste la forêt, ce sont les épisodes exceptionnels. Même si chaque forêt réagit différemment selon son altitude, sa région et la diversification ou non de ses espèces, les premiers effets du changement climatique sont déjà là pour certaines espèces. Particulièrement dans le Midi de la France, où le dépérissement des sapins dans les massifs du Sud et de certains feuillus semble symptomatique. Il se traduit par une chute des feuilles, un bois moins dense et une dégradation générale des arbres. Certaines espèces virent au jaune ou à l'orange bien avant l'automne, parfois même dès la fin du printemps. L'arbre perd ensuite son feuillage ou ses aiguilles. Puis l'écorce est atteinte et elle devient la proie des prédateurs « mangeurs de bois ».

D'autres espèces ont également fait les frais de l'apparition de nouvelles maladies liées au changement climatique. Dès les années 1990, le *Phytophthora* a fait dépérir des rideaux entiers d'aulnes en bordure de rivières. Il y a quelques années, les pins ont été littéralement pris d'assaut par la chenille processionnaire.

---

24 Pour le moment et lorsque l'eau ne fait pas défaut.

L'inexorable avancée de la processionnaire du pin

Sous l'effet du changement climatique, elle a parcouru 100 km en vingt ans et frappe aujourd'hui aux portes de Paris. D'année en année, *Thaumetopoea pityocampa* monte un peu plus vers le nord et va bientôt s'installer dans tout l'Hexagone. Ce qu'elle fuit, c'est le réchauffement climatique, qui déplace la barrière thermique de sa survie.

À cet égard, la chenille processionnaire du pin constitue un modèle d'adaptation des insectes, tant le lien de cause à effet est évident. À la différence de ses congénères, elle se développe pendant l'hiver, dans des sortes de grosses barbes à papa installées dans les pins. Elle a mis le cap vers le centre de la France voilà quelques années. Le gîte est enchanteur : jamais sous − 16 °C, sinon ses larves mourraient, et un petit 9 °C pendant la journée. En plus, on lui a facilité le déplacement en plantant ici et là des pins (sa nourriture préférée) dans tous nos villages et le long de nos autoroutes.

Les femelles papillons ne se sont pas fait prier pour s'engouffrer sur ces boulevards et voleter, progressant en moyenne de 5 km chaque année. Pire, transportée à l'état de chrysalide dans des mottes de terre, la chenille a atterri dans les cimetières, les campus universitaires, les groupes HLM, les cours d'école, les stades municipaux. L'Île-de-France ayant désormais un climat faste, on a trouvé des colonies à Mantes-la-Jolie, Marne-la-Vallée et Conflans-Sainte-Honorine.

Bref, l'insecte s'est retrouvé en ville, dans l'une des zones les plus densément peuplées du pays. Le problème, c'est qu'il porte sur lui des armes : des poils de moins d'un millimètre chacun, cachés dans les replis de sa peau, qu'il libère s'il se sent agressé et qui contiennent des protéines très allergènes, à risques pour l'homme. Comme chaque chenille dispose d'un million de poils et vit en groupe de 200, c'est un véritable arsenal qui se déplace. La contre-attaque s'organise néanmoins. On peut poser des pièges en forme de collerettes pour récupérer les insectes lors de leur descente de l'arbre, on peut asperger l'arbre d'insecticide ou installer des nichoirs à mésanges, l'un des prédateurs de l'animal.

Quoi qu'il en soit, nos voisins européens du Nord auraient tort de regarder d'un œil narquois ce déballage d'armements. Car, dans un monde à + 2 ou + 3 °C, c'est toute la partie occidentale du vieux continent que *Thaumetopoea pityocampa* sera susceptible de coloniser.

Cet accroissement des attaques de champignons, d'algues ou d'insectes font partie de ce que les scientifiques appellent l'effet du « stress climatique ».

Stressées ? Les forêts ne le sont pourtant pas que par le climat, et ce n'est pas forcément mieux. Une étude de 2011 publiée dans *Nature*[25] a démontré qu'en France métropolitaine, les forêts de plaine seraient plus vulnérables. Souvent localisées dans des zones entrecoupées par des routes, des lieux d'habitation et des champs cultivés, elles ont peu de chances d'arriver à passer ces barrières par les modes de dispersion naturelle que sont le vent ou les animaux. Ensuite, elles ont une distance bien plus grande à faire pour espérer retrouver un climat favorable. Là où, en montagne, il suffit aux espèces de migrer d'environ 160 m vers les sommets pour gagner 1 °C de fraîcheur, les espèces de plaines elles, doivent migrer au nord sur au moins 35,6 km pour compenser un réchauffement similaire ! Difficile de rattraper le climat dans de telles conditions ! Cette capacité à migrer ou non est aujourd'hui la grande inconnue des forêts françaises. Quelles espèces pourront le faire et dans quelles conditions d'adaptation sur une période aussi courte ? Faute d'y arriver, il est bien possible que, dans certains cas, ce soit l'homme qui effectue ces démarches de migrations « assistées ».

On le voit, le paysage actuel de nos forêts françaises[26] a de bonnes chances ne plus être tout à fait identique

---

25 « Changes in plant community composition lag behind climate warming in lowland forest », *Nature,* vol. 478 (2011). Article publié par des chercheurs d'Agro-ParisTech, de l'Inra, de l'université d'Aarhus (Danemark), du CNRS, de l'université de Strasbourg et de l'Inventaire Forestier National.

26 Nous parlons ici des forêts de la métropole et non des forêts des territoires d'outre-mer. Dans un rapport de 2013 dédié à un état des lieux mondial des ressources forestières, tous les pays ont remis un rapport d'un tome quand la France en transmettait douze ! Si la métropole elle-même affiche près de 137 espèces, elle en compte 3 500 en incluant les Drom-Com.

> **Promenons-nous dans les bois**
>
> À quoi pourront bien ressembler nos forêts du centre de la France en 2050 ? Elles auront, à coup sûr, une autre physionomie que celle d'aujourd'hui.
>
> Elles seront beaucoup moins sombres car on espacera beaucoup plus les arbres pour permettre à chacun de trouver de l'eau. De ce fait, ils pousseront plus vite et seront coupés plus tôt. Les chênes, par exemple. Fini les chênes pédonculés majestueux rentables pour l'Office national des forêts qui pouvaient vivre jusqu'à 400 ans pour certains et ont pour la plupart dépéri à partir des années 1980. Sans doute auront-ils été remplacés par quelques chênes méditerranéens. La réflexion agitait en tout cas le monde des forestiers dans les années 2010. Fallait-il ou non tenter d'installer plus au nord de telles espèces (que l'on coupe au bout de 150 ans voire 200 ans pour un bois de moins bonne qualité) au risque qu'elles ne supportent pas le climat ?
>
> Face aux sécheresses répétées, en 2050, les arbres se seront adaptés. Ils perdront leurs feuilles plus tôt, souvent sans passer par les couleurs rouge et or de l'automne. Elles vireront très vite au marron et tomberont parfois encore vertes. Les hêtres auront peut-être disparu, laminés par les sécheresses, achevés par les prédateurs et remplacés par des charmes, plus résistants. Pourtant, l'incertitude prévaut, là encore. Car, après avoir pensé que le hêtre disparaîtrait à peu près totalement, les scénarios se font désormais beaucoup moins catégoriques, voire résolument optimistes...
>
> Dans certains endroits déboisés, on apercevra probablement quelques pinèdes de pins maritimes, venus remplacer les pins sylvestres qui auront eux aussi dépéri. Au loin, les cigales chanteront... Pagnol sera aux portes de Clermont-Ferrand !

en 2050 avec un petit 2,6 °C de plus[27] par rapport à la période pré-industrielle. Même si tout cela reste subtil et très variable selon les régions, on verra tout de même des

---

27 Dans le pire des scénarios émis par le Giec, à savoir une augmentation de plus de 4 °C, la Lorraine serait en zone méditerranéenne dans soixante-dix ou quatre-vingts ans, et Paris serait bordé d'oliviers et de cyprès.

choses étonnantes. Certaines espèces comme le sapin ou le chêne pédonculé pourraient décroître, voire disparaître. Quant au chêne vert, l'emblème de notre végétation méditerranéenne, il pourrait bien voir son climat de prédilection s'étendre jusqu'aux bords de Loire. La carte postale de France en 2050 est assez simple à imaginer. La végétation typique de la Côte d'Azur parvient à s'installer dans un tiers du pays jusqu'aux contreforts du Massif central et de la vallée du Rhône. Le palmier est devenu banal et certaines espèces ont élu domicile dans les forêts du sud des Alpes. Dans presque tout le reste du territoire, ce sont les arbres et arbustes du littoral aquitain qui ont planté leurs racines à l'exception du Bassin parisien, du Nord et de la Lorraine où traînent encore quelques espèces du climat océanique. Seules l'Alsace et les Vosges auront encore de beaux vestiges de la végétation continentale. Et bon nombre d'espèces auront disparu, faute d'adaptation possible.

Aider la nature à s'adapter

Alors que faire ? Une chose est sûre, nous avons autant besoin de la biodiversité qu'elle a besoin de nous. Préserver l'intégrité des milieux naturels est aussi une façon intelligente de nous protéger, en diminuant la vulnérabilité des populations exposées aux aléas climatiques. Quelques exemples simples illustrent bien cette mécanique de solidarité obligatoire. Des inondations saccagent tel ou tel fond de vallée ? C'est bien souvent qu'en plus du changement climatique, on a déforesté à outrance le bassin-versant[28]. Des incendies ravagent nos forêts ? C'est

---

28 Territoire dont l'ensemble des eaux converge en un point de sortie qui peut être un cours d'eau, un lac ou l'océan.

qu'en plus du dérèglement climatique on a remplacé la diversité des boisements originels par des monocultures d'arbres. Cette négligence tient aussi à notre difficulté à évaluer le prix des services que la nature nous apporte. Or ces services sont cruciaux, qu'il s'agisse de la pollinisation par les insectes butineurs, de la productivité des terres, de la qualité de l'air et de l'eau ou encore du rôle des forêts pour stocker le CO_2 et endiguer l'érosion côtière. Si la science économique est capable de chiffrer en milliards de dollars l'impact de la pollution atmosphérique sur la santé humaine, elle est en revanche incapable d'estimer la perte d'un milieu naturel. Quelle est la valeur monétaire d'une nichée de mésanges, d'un bosquet d'arbres ou d'un moment de bonheur devant un paysage harmonieux ? Si l'on veut bénéficier longtemps encore des services que la nature nous offre, il faut l'aider à s'adapter et à faire face aux agressions qu'elle subit. En faire un credo à retentissement mondial.

C'est à Nagoya, en 2010, qu'a eu lieu le bilan mondial le plus complet sur le problème de la biodiversité, avec pas moins de 193 pays invités. Un plan stratégique visant à freiner la disparition des espèces à l'horizon 2020 est adopté, et avec lui la décision d'étendre massivement les aires protégées, qu'elles soient marines ou terrestres[29]. Mais le plus important réside dans la création de l'IPBES[30], sorte de Giec de la biodiversité. Comme son homologue pour le climat, l'IPBES est chargé d'établir un consensus, au sein de la communauté scientifique, sur l'état des lieux de la biodiversité, puis de faire des recommandations aux décideurs pour la protéger.

---

29 La surface terrestre protégée doit passer de 13,5 % à 17 %, et celle des océans de 2 % à 10 %.
30 Intergovernemental Science Policy Platform on Biodiversity and Ecosystem Services.

Préserver la biodiversité est une problématique d'actualité, avec des actions à entreprendre et une prise de conscience collective à renforcer. Sur la forêt par exemple. Exploitation du bois et de ses dérivés (pâte à papier), conversion des forêts en surfaces agricoles pour les immenses champs de palmiers à huile ou de soja, construction d'infrastructures nouvelles, souvent routières, exploitation minière ou pétrolière, grands barrages hydrauliques : nombreux sont les facteurs qui concourent à la déforestation. Si la culture du palmier à huile nous concerne peu, en France (cette culture ne pousse que sous les tropiques), des initiatives multi-acteurs existent, notamment pour promouvoir les produits certifiés RSCO[31] et, de façon globale, lutter contre l'accélération de la déforestation dans certains pays[32].

Il faut aussi savoir que l'explosion de la demande en bois exotique décime bon nombre de forêts tropicales. En effet, 40 % du bois exploité dans les forêts de cette zone est coupé sans aucun permis légal, et la situation perdure malgré l'obligation de respecter les normes FSC[33] mises en place depuis 1993. En dépit de certaines critiques dont ses normes font l'objet, le label est actuellement le seul moyen pour éviter d'enrichir tous ces trafics illégaux.

---

31 Pour lutter contre l'huile de palme issue de la déforestation, WWF participe au développement de la table ronde pour l'huile de palme responsable à travers cette certification qui requiert, entre autres, que les plantations de palmiers à huile ne soient pas issues de nouvelles conversions de forêts naturelles, que les terres nécessaires à la nature et à l'homme ne soient pas converties en plantations, que les pollutions et les déchets soient réduits et les feux évités.

32 La production massive d'huile de palme provenant d'Asie du Sud-Est (l'Indonésie et la Malaisie en sont fournisseurs à 80 %) menace les dernières forêts tropicales naturelles abritant les orangs-outans, les éléphants de Sumatra et les dernières populations de tigres. Mais, en Afrique, des pays produisent cette huile de palme de façon durable.

33 Forest Stewardship Council (« conseil de bonne gestion forestière »), une procédure de certification répondant à plus de 10 critères exigeants. Malheureusement, 7 % seulement des surfaces forestières mondiales sont certifiées de la sorte.

Alors, tant pis pour la terrasse ou les meubles de jardin en teck non labellisé. À défaut d'être certain de leur provenance, on les préférera en robinier (ou faux acacia), très résistant aux intempéries et qui pousse un peu partout, en frêne, sapin ou épicéa.

La contribution de l'homme à la préservation de la biodiversité peut aussi passer par des mesures de plantation. Mais pas n'importe comment et surtout pas dans des environnements riches d'espèces menacées. En revanche, planter des arbres diversifiés en complément des grandes cultures ou des prairies d'élevage a beaucoup d'avantages. Leurs racines favorisent l'infiltration de l'eau, dépolluent et fixent les sols, ralentissent l'érosion. Leurs frondaisons freinent le vent, apportent de l'ombre, abritent toute une faune indispensable, enrichissent le sol à l'automne avec la dégradation organique de leurs feuilles et captent le carbone au passage. Le critère des espèces est important : les arbres à croissance rapide comme l'eucalyptus[34] ou le peuplier, plus résistantes au feu comme le cèdre sont particulièrement intéressantes pour un avenir qui s'annonce plus favorable aux incendies. On peut aussi réduire la densité des arbres en sélectionnant les mieux portants pour tenter d'éradiquer la contamination de certains ravageurs et assurer un meilleur partage de l'eau. Moins comprimés les uns aux autres, moins stressés par la compétition, ils pousseront plus vite et on pourra les couper plus tôt, à 50 ou 60 ans et non plus à 80 ou 90 ans.

L'aide à l'adaptation des animaux s'envisage également à travers de multiples solutions. Certains animaux pourront « refaire leur vie ailleurs », mais d'autres risquent de rester sur le carreau. C'est le cas de tous ceux qui ont une

---

34 Mais certains eucalyptus peuvent affaiblir les autres espèces en prélevant beaucoup d'eau.

vitesse de déplacement trop lente ou une « niche écologique » trop spécifique ou irremplaçable : ceux qui ne peuvent vivre qu'accouplé à tel ou tel arbre, ceux qui sont inféodés à un plan d'eau fermé, ceux qui ne peuvent franchir des obstacles ou vivent sous terre, etc. L'homme a imaginé des voies de contournement et autres circuits protégés : des tunnels sous les autoroutes pour les crapauds ou les hérissons, des corridors biologiques, des passages pour certains grands mammifères, des passes à poissons, des levées d'obstacles sur le chemin des migrations… Si cela ne suffit pas, nous pourrons également procéder à une adaptation « planifiée » en déplaçant certaines espèces plus vulnérables. Une solution de la dernière chance qui ne fait pas forcément l'unanimité…

Les plantes ont, elles aussi, besoin de coups de pouce. Pour faire face à l'extinction des espèces, l'homme a créé des banques de semence et des réserves. Conservées dans d'immenses congélateurs, ces graines sont, pour certaines, les dernières survivantes d'espèces déjà disparues (ainsi en est-il de plusieurs variétés stockées au conservatoire botanique de Brest). Sur les 3 800 espèces qu'abrite le conservatoire, 1 730 sont menacées de disparition, quelques centaines sont au bord de l'extinction et plusieurs dizaines sont d'ores et déjà éteintes. D'autres banques existent à travers le monde. Une fois ces graines stockées, il devient possible de déplacer les espèces en les transférant artificiellement. Pourtant, même si leur nombre se multipliait, ces banques ne conserveraient jamais qu'une infime partie de tout ce qui existe sur Terre.

Aider la nature, c'est aussi renoncer à vouloir tout maîtriser. La nature a besoin de vie sauvage et de petits coins abandonnés. Entretenir son jardin au cordeau pour ne plus voir une mauvaise herbe dépasser, c'est détruire une bonne part de biodiversité. Heureusement, le bannissement des pesticides dans les communes, les semis de fleurs sur les ronds-points en pleine ville, les toitures végétalisées sont des initiatives que l'on voit fleurir un peu partout !

AGRICULTURE ET ÉLEVAGE

Dans la tourmente de l'aléa climatique

Disparition à terme des champs de maïs irrigués et des grands crus du Bordelais ? Fin de l'arabica en Afrique ? L'agriculture et l'élevage seraient-ils eux aussi victimes du réchauffement climatique ? Assurément. L'agriculture est en première ligne des impacts du changement climatique et, avec elle, c'est la sécurité alimentaire mondiale qui est menacée. Beaucoup de pays s'adapteront et d'aucuns pourraient même en tirer profit avec l'amélioration de rendements de certaines cultures. Mais les communautés les plus pauvres et celles vivant sur des terres vulnérables, comme les deltas ou les plaines côtières, pourront être exposées à de nouveaux risques. Selon le dernier rapport du Giec, les rendements des cultures de base (blé, maïs et riz) pourraient être ralentis de 2 % par décennie alors que, pour répondre à la demande alimentaire mondiale, il faudrait au contraire augmenter la production de 14 % par décennie !

D'autres études confirment ces pronostics. Celle du Climate Change Agriculture and Food Security estime qu'au niveau mondial la production de blé, de riz et de maïs pourrait être freinée de 13 à 20 % d'ici 2050. La production de la pomme de terre serait, elle aussi, affec-tée. L'incertitude tient au fait que certaines cultures, le blé par exemple, souffrent de la hausse des températures, tout en appréciant l'augmentation de la teneur en CO_2 dans l'atmosphère, qui vient booster leur photosynthèse. Cela suffira-t-il à compenser l'excès de chaleur, qui réduit la durée de végétation, et jusqu'à quand ? Cette question est au cœur du débat aujourd'hui. En attendant, et pour mieux anticiper l'avenir, la Food and Agriculture Organization (FAO) incite depuis quelques années tous les petits paysans (notamment producteurs de riz ou de maïs) à se tourner vers d'autres cultures moins gourmandes en eau comme les pois, les lentilles, le mil ou le sorgho.

Nous pourrions manquer d'un certain nombre de produits importés, mais l'Hexagone devrait s'en sortir mieux que bon nombre de pays du Sud. En France, selon les régions, le dérèglement a entraîné des impacts déjà bien visibles sur la production agricole. Bénéfiques pour l'instant à certaines productions (comme le colza ou la betterave, qui profitent de l'augmentation du CO_2, ou le sorgho que l'on a vu remonter au nord[35]), défavorables pour d'autres (comme le blé tendre).

Comment cela se traduit-il ? La température étant le facteur clé de l'agriculture, tous les stades « normaux » de développement des plantes sont affectés par le réchauffement : formation des bourgeons, floraison, maturité. En vingt ans, le blé français a avancé pratiquement d'une semaine dans son développement. La vigne, elle, s'est décalée de 20 à 40 jours en avant depuis cinquante ans, avec des vendanges désormais programmées début septembre (et quelques variations selon les terroirs). Même constat pour les pommiers ou les abricotiers, dont les fleurs éclosent plus tôt. Conséquences ? Le calendrier

---

35 Longtemps cantonné aux régions Sud, il est planté désormais dans le centre de la France ou en Poitou-Charentes.

des pratiques agricoles a dû être avancé partout depuis deux décennies. Il faut semer plus tôt et récolter plus tôt : dans la plupart des régions, les semis de printemps ne se font plus fin avril mais fin mars.

Ce raccourcissement du nombre de jours pendant lesquels les plantes peuvent capter le rayonnement solaire (qui assure la photosynthèse), cumulé parfois au manque d'eau, a évidemment des conséquences sur les rendements. Le blé a vu ses rendements stagner en France depuis 1998 (année record), principalement à cause des sécheresses accrues au printemps et des températures élevées à partir de la floraison. Au-delà de 25 °C, le poids des grains par épi diminue et le grain lui-même perd en qualité. Une seule journée avec un pic à 25 °C pendant la période de remplissage du grain suffit à provoquer des effets négatifs sur les cultures. Le grain est moins bien rempli, atrophié : c'est « l'échaudage », une sorte de malformation physiologique. La canicule de 2003, par exemple, a causé une réduction de la production de l'ordre de 20 % à 30 % selon les cultures en France. Celle qui a affecté la Russie en 2010 (avec pour conséquence une chute de rendement de près d'un tiers) a entraîné un arrêt des exportations et une flambée des prix dramatique pour les pays les plus pauvres.

Certaines régions ont, à l'inverse, profité de ces changements. C'est le cas de l'Europe du Nord, dont les rendements sont, pour certaines productions, montés en flèche. Sous l'effet de la chaleur, les suppléments de production ont été chiffrés à 25 % pour la betterave sucrière en Irlande, et à 12 % pour le colza en Finlande ! Depuis quelques années, le vignoble de Denbies, à 30 km de Londres, est devenu un grand producteur de vins pétillants, vinifiés à la manière champenoise. Avec des hivers plus doux et des étés plus chauds, le site figure parmi les visites touristiques les plus prisées de la région. L'Europe du Nord, avec plus de chaleur et d'humidité, devrait voir ses rendements s'envoler là où l'Europe du Sud risque fort d'être pénalisée.

L'élevage souffre également de ces hausses de températures et de ces sécheresses. Non seulement la chaleur nuit à la productivité des prairies en été, donc à la disponibilité des ressources alimentaires pour les ruminants, mais elle pourrait favoriser aussi l'émergence de nouvelles maladies, d'origine tropicale le plus souvent. Par ailleurs, on sait maintenant qu'exposés à la canicule, les animaux réduisent leur prise alimentaire, que leur productivité diminue et leur mortalité augmente. Une vache laitière de France commence à réduire sa production de lait dès que la température moyenne dépasse 20 °C ! Et un porc de gros format, sa production de viande. En 2006, plus de 700 000 volailles et 25 000 vaches laitières sont mortes en Californie pendant la vague de chaleur estivale. Au cours de l'été 2003, certaines régions françaises se sont retrouvées dans la situation de devoir abattre leurs bêtes faute de ressources fourragères suffisantes.

Agriculture et élevage acteurs de leur devenir

Si l'agriculture et l'élevage sont victimes du réchauffement climatique, ils ont aussi leur part de responsabilité. Et pas des moindres. L'agriculture est à l'origine de 20 % des émissions de gaz à effet de serre françaises[36]. Au niveau mondial, plus de 14 % des émissions annuelles de gaz à

---

36 Parmi ces 20 %, 50 % sont dus au protoxyde d'azote N_2O (les engrais azotés en particulier), qui a un pouvoir de réchauffement 298 fois plus élevé que celui du CO_2, 40 % sont dus au méthane (CH_4) produit par les animaux ruminants (au pouvoir 25 fois supérieur à celui du CO_2) et 10 % au CO_2 émis par le fuel des tracteurs, le chauffage des bâtiments d'élevage, etc.

effet de serre sont issues de l'agriculture et de la déforestation. Plus que tous les moyens de transport réunis et presque autant que l'industrie ! L'activité agricole génère en effet deux gaz qui contribuent fortement à l'effet de serre : le protoxyde d'azote et le méthane. Le premier provient essentiellement des engrais épandus sur les cultures et des effluents d'élevage. Le deuxième est engendré par les sols inondés, principalement ceux des rizières, par la fermentation des lisiers et des fumiers, auxquels s'ajoutent… la fermentation et la digestion de notre bonne grosse Marguerite dans son champ (95 % d'émissions sous forme de rots et 5 % sous forme de pets[37]).

Pour une côtelette dans l'assiette ou une botte de carottes, une foultitude d'étapes en amont ont laissé leur empreinte carbone dans l'atmosphère. Dans ce circuit, viennent s'insérer des engrais issus de l'industrie pétrochimique (y compris pour produire l'alimentation du bétail), des engins agricoles polluants, des véhicules de transport – jusqu'à des avions ! –, des entrepôts frigorifiques, des ateliers de transformation, des emballages, des déchets à éliminer, etc. Tout au long de ce parcours, les consommations de pétrole, gaz et électricité vont émettre du CO_2 tandis que protoxyde d'azote et méthane s'en donnent à cœur joie pour s'échapper dans l'atmosphère. Au total, une vache laitière émet en un an presque autant de gaz à effet de serre en équivalents CO_2 qu'un 4 x 4 lorsqu'il parcourt 1 000 kilomètres ! Et plus un animal est productif et plus il émet ! Autrement dit, un gros bœuf de chez nous pollue plus qu'un bœuf efflanqué d'un pays en développement qui glane dans les ordures de quoi

---

37 Au total, plus de 80 millions de tonnes de méthane sont ainsi « évacués » chaque année dans l'atmosphère par les animaux d'élevage, dont les trois quarts environ par les seuls bovins.

survivre. Au-delà de cette l'image, notons toutefois que les choses ne sont pas aussi simples qu'il y paraît. Car, pour parvenir à produire des tonnages suffisants, ces mêmes pays en développement (où l'élevage est un facteur essentiel de lutte contre la pauvreté et de valorisation de terres incultivables) ont aussi des cheptels plus importants en nombre de têtes. Ramenée aux émissions de gaz à effet de serre en équivalents CO_2 par kilo de lait ou de viande, l'empreinte carbone de nos vaches françaises est donc plus réduite, et même en diminution constante depuis une vingtaine d'années.

Alors que faire pour enrayer ce processus ? Première d'Europe et 3e mondiale, l'agriculture française doit nécessairement se remettre en cause. Certes, la productivité a triplé en trente ans et le rendement de blé a été multiplié par 4 ou 5 en cinquante ans, mais au prix d'une agriculture dont on voit aujourd'hui les limites. Simplification des paysages, gamme de cultures de plus en plus restreinte, usage massif d'engrais et de pesticides, pollution des eaux (les rivières de France sont parmi les plus polluées par les nitrates et les pesticides, en Europe), sols appauvris en matière organique…

Un programme a été mis au point pour tenter d'étudier les impacts du changement climatique sur les productions végétales à l'échelle française et proposer des solutions. Ce Zorro de l'agriculture dénommé Climator, qui a réuni pendant trois ans (2007-2010) 17 équipes de chercheurs issus de sept organismes de pointe (Inra, CNRS, Météo France et diverses chambres d'agriculture), a fait un certain nombre de projections sur la base de simulations climatiques et agricoles. Le manque d'eau et la hausse des températures devraient se faire ressentir plus âprement à partir de 2050. Le raccourcissement des cycles pourrait, par exemple, faire chuter les rendements du maïs irrigué de 1 à 1,5 tonne par hectare et l'avancée des cycles pourrait causer de nouvelles atteintes par des parasites ou des maladies. D'autres champs pourraient s'ouvrir à de nouvelles cultures. Des sites comme Rennes ou Versailles pourraient bien, selon Climator, devenir des terroirs de vignobles ! Et si le réchauffement se poursuivait, il n'y aurait plus de cognac à Cognac dans un siècle.

Cela dépendra du niveau de réchauffement. Selon les experts du Giec, dans les régions tempérées, avec un réchauffement limité à 1 ou 2 °C on resterait en moyenne dans les limites des capacités d'adaptation de l'agriculture. Mais si l'atmosphère devait connaître une élévation de température entre 3 °C et 5 °C, le tableau s'assombrirait, avec des pertes de production et une agriculture mondiale alors en difficulté pour subvenir à l'accroissement de la population. Avec une prévision de 9,7 milliards d'êtres humains sur la Terre et 72 millions en France en 2050, les agricultures seront bien forcées d'atténuer les effets du climat. Car si ces projections s'avèrent, la production alimentaire devra doubler par rapport à son niveau actuel. Cela signifierait davantage de changements d'affectation des terres, une extension des cultures, une intensification de l'élevage et un usage accru de carburants fossiles. Une catastrophe annoncée si l'on ne met pas rapidement en œuvre des solutions !

Et l'agriculture en est capable. En effet, si les cultures et l'élevage contribuent au dérèglement climatique, ils sont aussi porteurs de solutions. Avec une très grande marge d'adaptation. La déforestation et les incendies de forêts, par exemple, jouent un rôle considérable dans ces émissions, or on peut les atténuer. Les rejets du bétail peuvent aussi être réduits. L'utilisation d'engrais peut être optimisée. Il est également possible de modifier les pratiques agricoles, d'améliorer les variétés et de déplacer des aires de cultures… Un immense défi qui permettrait de réduire, d'ici à 2050, les émissions de gaz à effet de serre d'au moins 50 % par rapport au niveau de 1990. Une gageure ? Peut-être pas. Depuis 2007, les émissions se sont déjà stabilisées, on a constaté une diminution globale de la déforestation, cette baisse étant très variable selon les pays. Quant à la France, son agriculture, responsable de 1/5e des émissions françaises de gaz à effet de serre, a un rôle fondamental à jouer.

Comment l'agriculture peut-elle contribuer à cet objectif ? En agissant simultanément sur deux fronts : s'adapter au changement climatique et diminuer sa contribution au réchauffement. Deux volontés fortes qui peuvent concourir à changer nos paysages agricoles en 2050.

Les plantes, supports de solutions

Les solutions pour essayer d'aider une plante à supporter le réchauffement climatique passent par la modification des pratiques agricoles et la génétique. On peut, comme c'est déjà le cas dans la plupart des régions, avancer la date des semis de 15 jours à 3 semaines pour éviter les périodes de sécheresse et décaler du même coup la date des récoltes (c'est aussi prendre le risque du gel, qui peut survenir avec plus de probabilité). On peut aussi se pencher sur la recherche de variétés plus précoces, avec des cycles plus courts.

Il est également possible de sélectionner des espèces ou des variétés qui ont le bon goût d'apprécier l'augmentation du CO_2 dans l'atmosphère et se montrent de surcroît plus tolérantes à la sécheresse et aux températures extrêmes. Soit parce qu'elles ont des racines plus profondes, capables de capter de plus grandes quantités d'eau. Soit

L'agriculture peut-elle s'adapter aux changements ?

La réponse est oui, et c'est grâce à la recherche et aux progrès de la génétique qu'elle y arrive déjà pour partie et qu'elle y arrivera encore mieux demain. Pour mesurer l'efficacité de ce progrès, on s'est livré à un certain nombre d'expériences.

Dans un champ, on a planté une série de parcelles de diverses variétés d'une même espèce à différents stades de l'amélioration génétique. Une parcelle avec une variété des années 1950, une autre avec une des années 1960, une autre encore avec une des années 1970, et ainsi de suite jusqu'à aujourd'hui. Toutes ces parcelles bénéficiant d'un même sol et de conditions climatiques semblables, on a ainsi pu comparer l'évolution des rendements des différentes variétés.

Le résultat est sans appel. Le progrès génétique a été d'une efficacité constante. Mais, à partir des années 1990, on a observé qu'il ne s'exprimait pas assez lors des années chaudes et sèches. Ce constat a amené à s'interroger sur les orientations de la sélection et à lancer des programmes de recherche prenant mieux en compte le changement climatique.

parce qu'elles ont des feuilles plus petites, ce qui leur permet de moins transpirer et de perdre moins d'eau par évaporation. Le profil idéal ! Et sans doute la stratégie la plus efficace, même si les résultats sont encore loin des effets d'annonce mis en avant par certains grands groupes de biotechnologies agricoles. Au lieu d'avoir des plantes qui souffrent à partir de 25 °C, on obtiendrait des variétés qui ne seraient pénalisées qu'à partir de 26 °C. Un petit degré de plus qui fait tout ! Le problème : au-delà de 2050, ces adaptations « idéales » risquent aussi d'être vaincues par les effets négatifs du climat. Et comme il faut dix à quinze ans pour sélectionner une variété, mieux vaut s'y prendre maintenant !

Une autre solution, explorée par les Américains, est d'aller chercher des espèces sauvages naturellement adaptées aux déserts, avec l'objectif de comprendre comment elles fonctionnent et en quelque sorte d'introduire (le terme exact est « introgresser ») ces mécanismes dans d'autres plantes.

Et si tout cela ne suffisait pas ? De multiples autres solutions sont applicables. On peut transformer les systèmes agricoles et diversifier les cultures. On peut également développer la gamme des plantes vivaces, une recherche qui occupe bon nombre de scientifiques. Aujourd'hui,

Le climat de 2050 mis sous bulle !

Toute la difficulté pour les chercheurs qui travaillent sur l'agriculture consiste à recréer au plus près les conditions climatiques que connaîtront les plantes en 2050. C'est l'ambition du projet Phénome, coordonné par l'Inra, qui a été lancé en 2013.

Ce projet, mis en place sur cinq principaux sites en France, permet d'étudier le comportement des espèces en fonction de différents scénarios climatiques créés artificiellement sous d'immenses serres compartimentées. Certaines plantes vont être privées ou, au contraire, gorgées d'eau, d'autres vont voir leur température environnante augmenter fortement, d'autres seront plongées dans une atmosphère riche en CO_2. Et tout cela, à différents stades de leur croissance ou selon différentes vitesses de changement environnemental. Les combinaisons sont infinies.

D'autres expériences sont faites en champ pour recréer des conditions de sécheresse ou d'augmentation du CO_2. À l'air libre par temps sec, certaines parcelles vont être immédiatement recouvertes par des serres roulantes à la moindre alerte de pluie. Déplaçables à l'envi, certaines de ces serres s'en iront une fois le soleil revenu, d'autres resteront pour créer une chaleur extrême reproduisant l'effet de serre. D'autres parcelles sont, elles, enrichies de CO_2 à l'aide de tuyaux disséminés au milieu des cultures. Contrôlées, mesurées, bichonnées, scrutées à la loupe, ces plantes vont évoluer sous l'œil attentif des chercheurs qui étudieront et compareront les résultats transmis par le biais de capteurs et de drones survolant les parcelles... Des millions de données sont ainsi stockées pour mieux identifier les gènes qui rendront les plantes plus tolérantes au climat de demain.

70 % des grandes cultures annuelles comme le blé nécessitent de ressemer des graines chaque année. Or ces plantes « éternelles » que sont les plantes vivaces nécessitent 5 fois moins d'eau et 35 fois moins d'engrais que les cultures classiques. Certes, leur rendement est incomparablement plus faible que les plantes annuelles, mais la recherche vaut le coup. Si l'on parvenait à transformer les semences classiques du blé par transgénèse en plantes vivaces, la découverte (à laquelle les chercheurs comptent bien arriver à l'horizon 2030) ne manquerait pas d'intérêt.

On peut aussi déplacer des zones entières de production et de plantation. Le réchauffement climatique observé en France depuis 1914 environ étant équivalent à un déplacement vers le nord de l'ordre de 180 km et en altitude de 150 m, on peut envisager l'éventualité d'une remontée progressive de certaines cultures vers le nord et l'introduction de nouvelles espèces dans le Sud. Avec un réchauffement modéré, Paris pourrait devenir le royaume de l'olivier ou du chêne liège, et votre jolie maison en Normandie pourrait être entourée de vignobles. Cependant, les risques de gelée persistant, l'olivier et la vigne ne résisteraient pas. Mais, avec une hypothèse de + 4 °C ou 5 °C en 2100, ce serait un déplacement des cultures de l'ordre de 800 km qu'il faudrait imaginer ! Certaines ne s'en remettraient pas ! Notamment des produits dont la plus grande partie de la valeur ajoutée tient à un terroir particulier, comme la vigne ou la truffe. Un mariage subtil et unique entre le sol, l'altitude et le climat. Si la pomme de terre peut, de bonne grâce, accepter d'être expropriée, il est clair que les AOC ne se délocaliseront pas ! Nous perdrons du même coup une part fondamentale de notre exception culturelle française… Peut-on prédire pour autant la fin de notre bon vin français ? Il y a malgré tout peu de risques, car il faut du temps et de la pratique pour faire un vin harmonieux. De même que leurs prédécesseurs ont mis des générations à produire ce qui fait l'excellence de la France, nos maîtres vignerons de 2050 devront sans doute rivaliser de technicité, d'audace, de métier et de connaissances.

L'atout majeur du puits de carbone

Capable de s'adapter au changement climatique, l'agriculture peut également diminuer sa contribution au réchauffement. Là encore, de multiples solutions s'offrent à nous. En juillet 2013, l'Inra a rendu un rapport[38] qui consistait à présenter et à chiffrer dix actions techniques pour atténuer les gaz à effet de serre (il s'agissait de donner le prix que cela pouvait coûter ou rapporter en euros par tonne de CO_2 équivalent évitée). Le résultat est assez clair et les possibilités de leviers nombreuses, que ce soit à travers la décision politique d'une commune ou le changement de comportement d'un exploitant. Une partie des mesures revient à réaliser des économies d'énergie et d'engrais azotés pour les exploitants, une autre à valoriser le méthane sous forme de biogaz permettant de produire de la chaleur et de l'électricité. Mais une autre possibilité, moins connue, consiste à redynamiser la séquestration du carbone. Car si l'agriculture émet des gaz à effet de serre, elle est aussi un formidable puits pour retenir et stocker le dioxyde de carbone dans la matière organique des sols et la biomasse ligneuse (c'est-à-dire le bois, les feuilles mortes, la paille ou le fourrage). Depuis la nuit

---

38 Rapport demandé à l'Inra par l'Agence de l'environnement et de la maîtrise de l'énergie, le ministère de l'Agriculture, de l'Agroalimentaire et de la Forêt, et le ministère de l'Écologie, du Développement durable et de l'Énergie. « Quelle contribution de l'agriculture française à la réduction des émissions de gaz à effet de serre ? Potentiel d'atténuation et coût de dix actions techniques », juillet 2013.

des temps, la biosphère terrestre (tout comme les océans) joue en effet un rôle d'aspirateur à carbone. Depuis que l'homme s'en mêle, ce carbone est déstocké trop massivement dans l'atmosphère (sous l'effet de la combustion des énergies fossiles, de la déforestation, etc.), ce qui déséquilibre ce rôle de « pompe aspirante ». Pour recréer ce piège à carbone, on peut, par exemple, maintenir les prairies, préserver les tourbières, mettre de l'herbe entre les plants de vignes ou les arbres fruitiers, arrêter de labourer les sols chaque année pour limiter les rejets, ou amender les sols pauvres et acides avec du « biochar », sorte de charbon végétal, pour augmenter leur stock de carbone.

En mars 2015, un objectif ambitieux a été proposé par Stéphane Le Foll, ministre de l'Agriculture, de l'Agroalimentaire et de la Forêt. Celui d'un programme dénommé « 4 pour 1 000 », montrant que, si on arrivait à capturer 4 grammes pour 1 000 de carbone par an dans les sols[39], on pourrait, à l'échelle de la planète, stopper l'augmentation actuelle du CO_2 atmosphérique. Par contre, si sur ces 1 000 grammes situés dans les sols, on perd les 4 grammes et qu'ils repartent dans l'atmosphère, on augmente d'un tiers les émissions de CO_2 et on s'engage dans une voie de réchauffement accru au niveau de la planète. L'enjeu est donc crucial.

D'autant que des techniques de conservation des sols et de stockage de carbone existent. Si un programme mondial exigeant débutait dès 2016, il se traduirait par un « pic de séquestration » du carbone dans les années 2030-2040 et par une augmentation significative de la production de matière organique végétale (biomasse),

---

39 Selon une étude de l'Inra. Pour parvenir à ce résultat, tous les sols doivent être concernés (agricoles et forestiers, tourbières, sols dégradés...).

issue de la photosynthèse. Ce programme amortirait la croissance atmosphérique du CO_2 pendant plusieurs décennies, restaurerait la matière organique des sols et augmenterait les potentiels de production alimentaire et de production de biomasse pour la bioénergie, tout en favorisant l'adaptation au changement climatique. Il créerait ainsi un panier de solutions contribuant à plusieurs objectifs du développement durable. Le stock additionnel de carbone organique ainsi constitué pourrait être conservé au moins jusqu'à la fin du siècle, et si possible au-delà, par une combinaison de pratiques de conservation des sols et d'adaptation au changement climatique dont l'agroécologie (nous en reparlerons plus loin) est le fer de lance.

L'agroforesterie constitue une alternative intéressante accessible à tout exploitant agricole. Cette technique redécouverte qui consiste à associer arbres, cultures et élevage puise ses racines dans la France d'antan. La France de 1940 n'était alors qu'un vaste paysage agroforestier où les haies bocagères et les arbres faisaient partie intégrante du système agricole. Le problème, c'est que la mécanisation des années 1950 est passée par là pour faire de ces champs morcelés des champs de cultures... à perte de roues de tracteurs. Selon l'Inra, la France serait passée de 600 millions d'arbres en 1940 dans les parcelles agricoles à 200 millions en 2014. Or l'effet bénéfique de ce mariage est désormais démontré. Non seulement l'arbre a un effet protecteur bien connu de coupe-vent, et de lutte contre l'érosion des sols mais en plus il ne diminue en rien les rendements agricoles. Au contraire ! Un seul hectare de noyers et de blé mélangés produit autant de bois et de produits agricoles que 0,8 hectare d'agriculture et 0,6 hectare de forêts. Un bénéfice dont on aurait tort de se priver, d'autant que ces arbres contribuent également à stocker des tonnes de carbone et à reconstituer biodiversité dans les paysages. Un choix souvent gagnant pour l'environnement, mais qui nécessite des investissements et une vision à long terme.

L'agroécologie, un choix de société

D'autres alternatives agricoles existent, mais elles relèvent davantage d'un choix de société que de simples techniques. C'est le cas de l'agroécologie, cette approche culturale chère à Pierre Rabhi[40] consistant à réintroduire des méthodes qui à la fois respectent les sols et préservent les écosystèmes. L'agroécologie, c'est l'agriculture avec les regards croisés de l'agronome et de l'écologue, la fin du clivage historique entre les sciences agronomiques et l'écologie. En cela, c'est aussi une science émergente qui propose des pistes pour produire autant, mais plus écologiquement, tout en restant rentable. Cette méthode prône en effet la régénération des sols, notamment à travers la rotation des cultures, l'association de légumineuses (pois, haricots ou lentilles) qui fixent l'azote pour diminuer les besoins en engrais, l'économie de l'eau et donc la résistance à la sécheresse (un bon entraînement en vue des décennies à venir !), le recyclage des matières organiques avec le compost. Le fil rouge de cette approche étant de retrouver le lien avec le sol, en passant progressivement d'un cocktail 100 % chimique (engrais et pesticides) à un autre, plus naturel, basé sur ce qui vit et agit dans les sols : les vers de terre (une merveille de la nature aux multiples bienfaits !), les insectes et les bactéries, en associant ces organismes aux pratiques de cultures intermédiaires,

---

40 Agroécologiste, fondateur en 1994 du mouvement Terre et Humanisme, et en 2006 de l'association Colibris.

couverts végétaux, semis direct, etc. Une technique qui permet à la fois de mieux stocker le carbone et de mieux supporter les épisodes de sécheresse et d'inondations. Difficile de faire mieux !

Un chantier conduit à l'Inra en 2009-2011 a permis de faire l'inventaire des solutions techniques existantes en vue d'améliorer les performances environnementales des exploitations. Concrètement, il s'agit de passer d'une approche individuelle à une approche globale du système agricole. Au lieu d'essayer d'obtenir « l'individu le plus performant dans un environnement optimal » en apportant pesticides et engrais et en spécialisant les territoires, les équipes étudient les « arrangements les plus performants dans des environnements hétérogènes », moins fragiles du point de vue économique et environnemental. Comment favoriser la présence d'espèces auxiliaires qui peuvent aider à contrôler les mauvaises herbes ou les parasites ? Quelles cultures associer pour valoriser les ressources naturelles ? Comment intégrer au mieux élevage et production végétale sur une exploitation ? Quel est l'impact de la présence de prairies sur les pollinisateurs ? Au domaine expérimental d'Époisses, par exemple, des essais menés depuis plus de dix ans montrent qu'il est possible d'avoir très peu recours aux herbicides à condition d'optimiser les rotations des cultures.

On peut aussi optimiser l'isolement de ses serres ou de ses bâtiments d'élevage, ou encore fabriquer son propre biogaz dans des méthaniseurs à partir des déjections d'élevage. Autant d'actions gagnant/gagnant. L'agriculteur qui diminue sa consommation de fuel fait des économies. Quant au biogaz, une mesure de plus en plus subventionnée, il peut le revendre à EDF sous forme d'électricité ou l'utiliser pour chauffer ses serres, par exemple.

D'autres actions relèvent plus de l'apostolat. Modifier

les rations[41] des animaux pour réduire leurs émissions de méthane est, par exemple, une action coûteuse que les agriculteurs peuvent actuellement entreprendre à leurs propres frais, ou qui peut être favorisée par des coopératives et des entreprises. En attendant que l'État ne mette en place de réelles mesures incitatives.

Quoique encore anecdotique, la « ferme verticale » est une solution très sérieusement étudiée par bon nombre d'architectes pour répondre aux besoins des citadins à l'horizon 2050. Partant du principe qu'à cette date, 6,4 milliards d'habitants vivront en milieu urbain (contre 3,3 milliards aujourd'hui), de nombreux cabinets planchent sur ces projets d'immeubles entièrement végétalisés qui accueilleraient les cultures dans leurs murs. Loin d'être pure élucubration, la ferme verticale est déjà une réalité dans pas mal de pays (elle nécessite toutefois d'avoir des bâtiments suffisamment espacés pour laisser passer la lumière).

En Amérique du Nord, des « ageeckulteurs » utilisent depuis plusieurs années les nouvelles technologies pour faire pousser des produits frais sans pesticides en plein cœur de la ville. Une pratique que Dickson Despommier, le microbiologiste fondateur du concept en 2001, rêve de faire passer du toit au building. Ici les LED (lampes à diode électroluminescente) remplacent la lumière du soleil et la brumisation rend la terre superflue. L'idée a fait des petits au Québec, où la première serre commerciale au monde est née sur un toit d'immeuble à Montréal. Avec ses 2 800 m² de potager perchés sur un building de deux étages, les fermes de Lufa proposent depuis 2011 des tomates, aubergines,

---

41 La « ration » est l'alimentation complémentaire faite d'aliments concentrés que l'on donne aux ruminants, en plus du fourrage.

concombres, poivrons, salades, choux et plantes aromatiques… À Toronto, 4 500 potagers privés, 120 jardins communautaires et la Ferm Fresh City (une coopérative d'agriculture urbaine) sont d'ores et déjà capables d'offrir à la mégalopole canadienne de 6 millions d'habitants jusqu'à 30 % de ses besoins en fruits, légumes et petit élevage.

Présentée comme une solution parmi d'autres aux problèmes de réchauffement, cette agriculture urbaine a en effet de sérieux avantages. Elle permet une production en continu, économise des surfaces arables, crée une filière intégrée avec les industries de transformation alimentaire, réduit le temps de stockage et de transport mais… manque évidemment un peu de charme. Alors, projet fou d'hurluberlus en mal d'inventions ou alternative intéressante ? Salut d'une population citadine ou chimère d'apprentis sorciers ? 2050 nous répondra à ce sujet.

L'élevage n'est pas en reste comme contributeur potentiel à la lutte contre le réchauffement. Comme l'agriculteur, l'éleveur de 2015 est d'ores et déjà contraint de s'adapter en changeant ses dates de mise à l'herbe, en décalant les dates de mise bas de ses bêtes… Mais cette adaptation passe surtout par la génétique et sa problématique. Parmi toutes les races d'une même espèce animale, laquelle sera la plus à même d'encaisser les variations climatiques sans perdre en efficacité ?

Mieux adaptées à leur environnement, plus solides, les races et variétés dites « anciennes » ont effectivement pas mal d'atouts. Oui, mais… Encore faut-il que l'homme y trouve son compte en termes de rendement car c'est aussi pour cela que ces races rustiques ont été abandonnées, ne l'oublions pas. Et de ce point de vue là, ce n'est pas gagné. Les races super-productives ont un autre problème. Elles sont fragiles. Alors exit les vaches « athlètes » mais fragiles,

Petit éloge de l'élevage

Souvent montré du doigt, l'élevage rend aussi de précieux services à l'environnement. Et une vache à l'herbe a de nombreuses qualités !

D'abord, elle permet de maintenir un paysage et une biodiversité qui, sans sa présence, auraient peut-être disparu. Ensuite, elle vient occuper un espace bien souvent incultivable. On n'a jamais rien fait pousser sur des alpages ! (Les ruminants valorisent 20 % de la surface des terres émergées correspondant à des prairies non utilisables pour des cultures). Enfin, elle contribue, par son pâturage, au rééquilibrage des émissions de méthane qu'elle produit. On ne le sait peut-être pas assez, mais les prairies naturelles sont en effet d'excellents pièges à carbone qui viennent assez largement compenser les émissions de méthane produites par le bétail.

Un rapport de 2011 de l'Organisation des Nations Unies pour l'alimentation et l'agriculture (FAO) confirmait qu'il était possible de réduire de 30 % les émissions de gaz à effet de serre de l'élevage notamment grâce à l'alimentation du bétail. L'introduction de lin dans l'alimentation des bovins, la diminution des céréales et du soja, remplacés par l'herbe, sont autant de cartes gagnantes pour la planète.

bonjour la bretonne pie noir, béarnaise et autre bleue de Bazougers ? Pas forcément. L'avenir est sans doute dans un mixte entre les deux, l'identification des gènes qui font la robustesse de ces races rustiques et leur transfert dans des races productives. Là encore, la réponse est génétique et elle sortira vraisemblablement des éprouvettes et des paillasses de laboratoires. En attendant, une chose est sûre. La prim'holstein, championne toute catégorie du règne animal de la production de lait avec ses 18 000 litres/an, ne cédera définitivement sa place que si on lui trouve des concurrentes au moins aussi efficaces !

Au petit jeu des pronostics, parions que le mouton de 2050 viendra probablement d'une race rustique et locale, hyperrésistante à la chaleur et à la sécheresse, capable de supporter des événements extrêmes[42] et de retrouver un niveau de production élevé par la suite, alimentée avec une nourriture étudiée avec soin pour ne pas faire concurrence à l'alimentation humaine[43]. Tout en pouvant optimiser au maximum sa nourriture pour transformer efficacement ses rations en viande, ce mouton émettra moins de méthanes à la digestion. (Une étude de l'Inra en 2008 prouve qu'un apport de 6 % de lipides issus de la graine de lin a diminué la production de méthane des animaux de 27 à 37 %. L'herbe de printemps, la luzerne ou le chanvre pourraient également jouer ce rôle.) Bref, une race avec une efficacité alimentaire accrue : moins d'aliments pour plus de viande, donc moins de gaspillage alimentaire et moins de rejets. Un mouton « parfait » en somme, nourri et traité sur-mesure !

Notre régime alimentaire, un puissant levier d'adaptation

Entre l'augmentation croissante de la demande en protéines animales (en particulier en Asie, en raison du changement de régime alimentaire humain) et la nécessaire adaptation au changement climatique, les orientations en matière d'élevage seront bien sûr politiques. Mais aussi individuelles. Car nous pouvons, par exemple, accompagner l'adaptation au changement climatique en réduisant l'importance de la viande dans notre alimentation.

Diminuer notre consommation de protéines animales est d'autant plus urgent que, selon la FAO, celle-ci pourrait doubler dans les cinquante ans à venir. Au fil de

---

42 Réduction momentanée de la disponibilité en ressources alimentaires, forte chaleur, problème sanitaire, etc.
43 Des coproduits industriels.

l'augmentation de la population et du niveau de vie, des populations qui ne mangeaient pas de viande s'y mettent de plus en plus. Aujourd'hui, un Américain consomme 41 kg de bœuf par an quand un Indien en mange 1,5 kg. Imaginons que les Indiens copient les Américains en 2050… Ce sera tout bonnement impossible. On ne pourra nourrir les hommes et les vaches[44]. Une autre projection indique que, partant de 229 millions de tonnes en moyenne sur la période 1999-2001, la production de viande pourrait avoir atteint 465 millions de tonnes en 2050, et celle du lait, grimper de 580 à 1 043 millions de tonnes. Faisable techniquement (au prix de nos forêts et de la pollution de nos rivières) mais insoutenable écologiquement. L'urgence est donc d'inverser la courbe. Davantage de viande pour les plus pauvres. Moins de viande, de graisses saturées et de sucre pour les surconsommateurs. Un vrai problème de transition vers des régimes alimentaires adéquats au plan nutritionnel.

La contribution de l'agriculture passe, on le voit, par un changement de modèle agricole et donc un vrai choix de société. Ce débat qui a longtemps opposé partisans du productivisme et écologistes de tous poils n'en est plus un aujourd'hui tant l'urgence à agir est là. Presque partout, le consensus fait loi. Il faut réinventer un modèle agricole durable capable de s'adapter à la croissance de la population et à la hausse des températures sans être néfaste à la planète.

Parviendrons-nous à tenir cet équilibre entre agriculture « raisonnée » (et raisonnable) et augmentation de la

---

44 Toutefois, les élevages deviennent plus efficients, en particulier ceux des pays en développement, ce qui permettra à terme de moins gaspiller d'aliments pour le bétail. Et les émissions de CO_2 équivalents par kg de viande rouge ont un peu décru entre les années 1960 et 2000 (de plus de 7 à moins de 6 kg de CO_2/kg de viande) (Giec, 2014, WGIII, chapitre Agriculture Forestry and Land Use).

population en 2050 ? Oui, si nous autres, Occidentaux, modifions certaines de nos pratiques et si les pays en développement n'adoptent pas notre système productiviste et notre régime alimentaire. Oui encore, si nous parvenons à mobiliser de façon beaucoup plus systématique des ressources alternatives qui n'entrent pas en concurrence avec l'alimentation humaine (comme les coproduits industriels, par exemple les tourteaux type oléo-protéagineux).

Autre levier sur lequel nous pouvons jouer dès maintenant au quotidien : le gaspillage. Chaque Français jette à lui seul 20 à 30 kg de nourriture par an à la poubelle. Autant d'aliments qu'il a fallu produire, transformer, transporter, stocker. Si les pays en développement connaissent peu le gaspillage alimentaire, ils subissent de lourdes pertes après récolte (silos défaillants ou absents, transports déficients, transformation peu efficace, etc.). Le gaspillage alimentaire est en revanche la marque de « fabrique » des pays développés. 20 à 40 % de notre alimentation et un tiers de la production mondiale, soit 1 600 milliards de tonnes, sont jetés. N'y a-t-il pas un scandale et une aberration à produire autant pour autant de poubelles ? En évitant de produire ce surplus inutile, ce serait 0,6 à 6,0 Gt d'équivalents CO_2 qui pourraient être économisés d'ici 2050 !

Et pourtant, les solutions « anti-gaspi » existent et elles sont à notre portée, à condition que les pouvoirs publics le décident et que les consommateurs jouent le jeu. Accepter d'acheter des légumes et des fruits sains mais non standardisés (en Europe, 20 à 30 % de fruits et légumes partent au rebut pour des raisons de calibrage, de forme ou de couleur…), contraindre les supermarchés à réduire leurs achats (ils achètent toujours trop pour avoir des étals bien remplis), proposer à la vente des produits « pré-périmés » moins chers, multiplier les initiatives de récupération…

Le consommateur occupe un rôle clé dans ce domaine. Sachant que la surconsommation, notamment de viande et produits animaux, boissons sucrées, alcool, fruits et légumes hors saison constitue une demande qui pèse sur l'empreinte environnementale, il peut décider de privilégier les circuits courts, les labels reconnus, les productions locales et de saison. Un vrai choix.

Maintenant, osons nous aventurer dans un scénario plein d'optimisme. En 2050, l'agriculture française n'est plus une agriculture productiviste d'export international mais un secteur qui produit des biens alimentaires nécessaires à la population française et européenne tout en assurant son complément de revenu par la production d'énergie. Fini les batteries intensives de poulets ou de porcs à la chaîne, le nombre de têtes de bétail par ferme a nettement diminué et l'élevage extensif reprend peu à peu ses droits.

Adieu les champs à perte de vue, les haies ont refleuri aux côtés des élevages et des polycultures. Chaque ferme a désormais ses panneaux solaires et un méthaniseur individuel ou collectif sur son exploitation. Ces espèces de grosses bulles visibles dans le paysage permettent désormais d'éclairer et de chauffer les serres et apportent à l'exploitant un complément de salaire non négligeable. L'agriculteur est désormais aussi aménageur et producteur d'énergie. La recherche des circuits courts est devenue systématique, tant pour les citoyens que pour les entreprises, qui sont de plus en plus sensibilisées à la lutte contre le réchauffement climatique.

Depuis longtemps, la généralisation des outils de type « bilan carbone familial » a favorisé la connaissance des impacts de chaque produit dans les magasins, les promotions commerciales respectent ces obligations d'affichage.

Ainsi, dans l'assiette, les aliments de types surgelés et transformés, nécessitant à la fois énergie et transport, sont réduits au maximum au profit de produits locaux, issus d'une agriculture biologique à base de légumineuses, riches en protéines… Il n'y a pas de mal à rêver un peu, non ?

PÊCHE ET OCÉANS

La pêche mondiale coulée par le réchauffement climatique ?

Faute de pouvoir manger de la viande, on pourra alors se rabattre sur le poisson ? Eh bien non, pas vraiment. En tout cas pas sur les poissons sauvages. Déjà mal en point à cause du dérèglement climatique qui bouleverse les équilibres, les écosystèmes marins sont, de surcroît, victimes de la surpêche et de la contamination par pollution chronique. Autour de nous dans l'Atlantique, plus de la moitié des stocks de poissons commercialisables sont surexploités ou déjà épuisés. Une situation obtenue en une trentaine d'années, voire une quinzaine d'années pour certaines espèces, par l'utilisation de chaluts qui raclent les fonds marins jusqu'à plus de 1 500 m de profondeur. Non seulement cette surexploitation diminue l'effectif des populations de poissons mais elle en modifie l'équilibre et fragilise les espèces qui, par contre-coup, deviennent plus sensibles aux effets du réchauffement. Une double peine dont le petit monde de la mer se serait bien passé. Et, de fait, les océans se sont, eux aussi, réchauffés, avec près de 1 °C gagné en trente ans en Méditerranée et 2 voire 3 °C sur cinquante ans pour l'Arctique. Or bon nombre de poissons n'aiment pas l'eau chaude. Résultat ? Contraintes de s'adapter, les espèces sont obligées de migrer vers le nord ou vers le fond, selon les changements ressentis. C'est le cas de certaines espèces comme le thon blanc, jadis disponibles tout près des côtes et que l'on doit désormais aller chercher à plus de 200 km au large. Même chose pour le rouget barbet, que l'on pêchait traditionnellement dans le golfe de Gascogne ou en Bretagne et que l'on trouve désormais à Boulogne-sur-Mer, ou du bar, qui se plaît depuis quelques années à Cherbourg et au-delà. Quant au cabillaud, le chouchou des consommateurs français, autrefois proche de nos côtes, il recherche maintenant les eaux froides en Norvège. Le carrelet, lui, se contente de plonger dans les profondeurs pour y retrouver la fraîcheur.

D'autres, en revanche, se frottent les mains ou plutôt les nageoires. En fait, il y aura certainement des espèces gagnantes et d'autres perdantes. On constate déjà depuis quelques années l'extension géographique de certaines espèces sous l'effet de l'élévation de température des eaux. On trouve par exemple la dorade coryphène sur la Côte d'Azur alors qu'elle n'était jusqu'alors pas présente dans la partie nord de la Méditerranée. Quant au mérou brun, il est possible que les facteurs combinés de sa protection et du réchauffement progressif des eaux du nord de la Méditerranée favorisent sa reproduction et la reconstitution de ses populations. Mais l'explosion la plus spectaculaire reste celle des méduses. Non seulement elles adorent l'eau chaude mais, en plus, leurs principaux prédateurs, requins et thons, ont déserté les lieux ! Résultat ? La mer est devenue pour ces hôtes opportunistes un vrai paradis.

Une étude publiée dans *Nature Climate Change*[45] a démontré que la majorité des populations de poissons se

---

45 Étude menée en 2013 par l'université du Texas, à Austin, et l'Institut marin de l'université de Plymouth.

sont effectivement déplacées vers les pôles d'environ 75 km par décennie pour trouver la fraîcheur. Ils ont même diminué en taille ! Ce fait étonnant peut s'expliquer par la surexploitation, mais aussi par le réchauffement du milieu. Tout comme certains mammifères, de nombreux poissons rapetissent à cause du manque d'oxygène dans l'eau, induit par le réchauffement. Si leur milieu n'est plus en mesure de leur fournir l'énergie à la hauteur de leurs besoins, les poissons cessent alors leur croissance. D'après le calcul des chercheurs, d'ici 2050, les poissons pourraient voir leur taille diminuer de 14 % à 24 %. À titre de comparaison, cela représenterait une perte de 10 à 18 kg pour un homme de taille moyenne pesant 77 kg.

Une autre conséquence du réchauffement réside dans la raréfaction voire la disparition du phytoplancton, des algues microscopiques vitales pour l'océan car elles sont à la base de toute la chaîne alimentaire marine. Elles seront ingérées par le zooplancton (petites crevettes, animaux à coquilles, etc.), à son tour avalé par les petits poissons, qui seront mangés par les grands, comme les requins ou les baleines. Et tout le système fonctionne très bien comme ça. Mais le réchauffement est en train de mettre à mal cet équilibre. Car, quand les eaux de surface se réchauffent, elles forment une sorte de barrière à la remontée d'eau froide riche en nutriments, indispensables à l'alimentation de ce plancton. Dans certaines régions, la production aurait baissé de plus de 50 %. Une situation alarmante pour bon nombre d'espèces déjà affectées par l'acidification croissante des océans, autre conséquence de ce changement global.

Souvenons-nous quelques instants de nos cours de sciences naturelles… Nous le savons, tous les gaz se dissolvent dans l'eau et quand on introduit du gaz carbonique dans l'eau, on obtient de l'acide carbonique. Le CO_2 de

L'océan, une puissance économique persécutée

On ne le sait peut-être pas mais si les océans étaient un pays, ce serait la 7e puissance économique du monde derrière le Royaume-Uni et devant le Brésil. C'est ce que représente environ le produit maritime brut, l'addition de toutes les richesses produites par l'océan dont on n'exploite pourtant qu'une infime partie.

Deuxième puissance maritime mondiale, la France a tout intérêt à protéger les océans d'un point de vue stratégique mais aussi écologique. Las ! Ils sont infestés de supertankers, cargos avec leurs chargements de déchets toxiques, bombes atomiques égarées, chimiquiers coulés avec leurs produits toxiques : des millions de tonnes d'hydrocarbures et autres effluents agricoles nocifs et, bien sûr, des tapis de plastiques, bidons et autres bouteilles. Le fameux « 7e continent » ! Des dégâts causés à la vie marine évalués par l'ONU en 2014 à 13 milliards de dollars.

Les analyses faites sur les ours polaires ou certains oiseaux marins ont depuis longtemps montré à quel point ils recélaient dans leurs tissus des polluants et autres produits chimiques issus de l'agriculture ou de l'industrie. Triste état des lieux, qui témoigne de la lente dégradation de nos océans, dont l'ensemble de la chaîne alimentaire, du plancton à la baleine, est intoxiqué. Et jusqu'au consommateur...

Alors, à quand une réaction ? Protéger l'océan a un coût mais, plus on attendra, plus la facture sera « salée ». Une étude[46] reposant sur des recherches de l'université libre d'Amsterdam, a été dévoilée en juin 2015 par WWF. Elle démontre que, si l'on faisait des efforts pour le protéger, plus de 900 milliards de dollars reviendraient à la communauté mondiale d'ici 2050 et des dizaines de milliers d'emplois seraient créés.

l'atmosphère a été gentiment absorbé par l'océan qui, du même coup, nous en a débarrassés d'une partie. Le problème, c'est que cette absorption massive de CO_2 par l'océan a aussi acidifié les mers, modifié la chimie de l'eau

---

46 Le rapport, dévoilé en juin 2015 par WWF en marge du Sommet mondial sur les océans organisé à Cascais (Portugal), sous l'égide de l'hebdomadaire *The Economist* et du magazine *National Geographic*, repose sur des recherches de l'université libre d'Amsterdam.

et toute la biodiversité marine avec elle. À commencer par ces petits animaux à coquilles qui bâtissent leurs squelettes avec du calcaire... qui se dissout dans l'acide ! Une double peine pour nos malheureux coraux. Et pour tous les coquillages dont nous raffolons, moules et huîtres en tête.

Tourteaux et crevettes plutôt que sabres et grenadiers ?

Alors que faire pour préserver cette biodiversité marine et éviter que nos océans ne soient vidés de leurs poissons en 2050 comme l'affirme Greenpeace[47] ? Mais aussi comment faire pour préserver la pêche, cette source de revenus et surtout d'alimentation dont dépendent des milliards d'individus ? Quoique alarmant sur la situation à long terme, le dernier rapport du Giec prévoit dans un premier temps une augmentation des rendements des pêcheries de 30 % à 70 % d'ici 2055 pour les pays tempérés alors que ceux des pays tropicaux chuteraient de 40 %. Les choses s'aggraveraient par la suite, avec à la fois moins de poissons et moins de variétés. Un rapport de la FAO et de l'ONU en 2010 avance que l'ensemble des entreprises de pêche aura mis la clé sous la porte d'ici 2050 si aucune action n'est faite. Mais pour cela il faut investir et investir beaucoup, environ 8 milliards de dollars par an, et prendre des mesures énergiques pour éviter aux espèces marines la double peine du changement climatique et de la surexploitation. Des politiques plus contraignantes commencent à être mises en place selon les pays en dépit des résistances ici et là, pêcheurs, filière industrielle des produits de la mer et grandes surfaces en tête. Des quotas

---

47 Greenpeace est une ONG de protection de l'environnement fondée en 1970 et présente dans plus de quarante pays à travers le monde.

sont instaurés, des moratoires commencent à voir le jour pour cesser la prédation de telle ou telle espèce surexploitée ou interdire la pêche à certaines périodes. Des aires marines protégées où les poissons puissent se reproduire tranquillement sont envisagées, les flottilles de pêche sont réduites, des projets de réserves devraient voir le jour et les filets maillants dérivants, ces « murs de la mort » dans lesquels se prennent dauphins, tortues et poissons, sont enfin en cours d'élimination totale... Mais beaucoup de ces décisions restent encore trop théoriques et bon nombre d'États ne font pas respecter leur réglementation, sous la pression de lobbies dont les intérêts immédiats oublient trop souvent que la surexploitation des uns conduit inéluctablement au chômage des autres.

Les solutions dépendent aussi de nous. Chacun à notre niveau, nous pouvons contribuer à ne pas précipiter l'épuisement des océans. En commençant par bannir un certain nombre de poissons de nos assiettes.

Première possibilité, profiter du poisson d'élevage. Une alternative intéressante, mais aussi... un piège. Certes, l'aquaculture permet de diminuer la pression exercée sur les espèces sauvages et c'est aujourd'hui l'un des secteurs de production alimentaires en plus forte progression, avec une croissance annuelle de plus de 6 % ces dernières années. Pratiquée depuis des millénaires, l'aquaculture affiche désormais pas mal d'espèces à son catalogue. Saumons, truites, bars, dorades, thons mais aussi grandes crevettes, gambas, palourdes ou coquilles Saint-Jacques représentent des variétés que les fermes aquacoles savent maintenant élever. Mais on leur reproche aussi le risque d'utiliser des espèces qui, en cas d'échappée dans le milieu naturel (à la suite de tempêtes, par exemple), pourraient devenir des espèces invasives. On les accuse également de piller pour leurs besoins certaines espèces sauvages. Les Occidentaux ayant en effet fait le choix d'élever des poissons carnivores comme le saumon, le bar ou le thon, il faut du même coup aller chasser d'autres poissons ! Plus de 30 % des poissons pêchés en mer sont en fait destinés à nourrir les poissons carnivores d'élevage. Et il faut environ 5 kg de poissons sauvages pour produire 1 kg de poisson d'élevage. C'est embêtant ! Quoi qu'il en soit, c'est toujours mieux à mettre dans le Caddie (surtout s'il est labellisé AB[48]) qu'un thon rouge[49] de Méditerranée ou une dorade du golfe de Gascogne.

Alors vaut-il mieux se tourner vers les crustacés ? Oui et encore oui car la plupart ne font pas partie des espèces menacées. Vous pouvez en toute bonne conscience vous jeter sur les bigorneaux, coques, araignées de mer, tourteaux, moules et autres crevettes roses. Même chose côté poissons avec le bar, le merlan, le lieu noir ou le maquereau, des espèces qui s'en sortent plutôt bien. Le mieux est d'avoir en permanence dans votre sac la liste des « autorisés » et la liste rouge des « proscrits », au rang desquels on trouvera aussi le merlu, la sole, le cabillaud, l'empereur, l'espadon, le sabre ou le grenadier.

Les labels sont aussi de très bons indices. Promue par le réseau Océan mondial, la campagne « MrGoodfish » avec son petit logo bleu « bon pour la mer » vise à valoriser des produits locaux et durables. Même chose pour le label MSC (Marine Stewardship Council) lancé en 2000

---

48 Agriculture biologique : label français créé en 1985, basé sur l'interdiction d'user de chimie de synthèse.

49 Des grandes surfaces européennes, dont Auchan et Wal-Mart, appellent depuis quelques années à une réduction par deux des quotas de thon rouge dans l'Union européenne. Elles ont signé en 2007 une lettre adressée à la Commission car ce poisson pourrait bientôt disparaître de la mer Méditerranée. Pourtant, aucune interdiction totale n'est intervenue depuis, et la pêche continue.

par WWF et Unilever, qui garantit lui aussi une pêche responsable effectuée dans les règles du « bien pêché ». Ouvrons l'œil !

Enfin, pourquoi ne pas se tourner vers les poissons d'eau douce pour laisser souffler les océans ? La truite et le brochet, quoique menacés eux aussi par le changement climatique, sont excellents et vivent dans des endroits peu pollués. La carpe et le tilapia sont également délicieux. De plus, ils sont végétariens, donc n'exercent aucune pression sur la faune aquatique sauvage. Quel que soit notre choix, il faut refuser les poissons trop petits pour privilégier les poissons adultes de bonne taille, qui ont eu le temps de se reproduire.

Si nous réagissons maintenant, les étals des poissonniers pourraient bien être à nouveau remplis en 2050 car dix ans suffisent à un écosystème marin pour se reconstituer. Tout est affaire de volonté, de choix politiques certes mais aussi d'engagement individuel. À nous de jouer pour manger durable.

2

QUEL SERA MON QUOTIDIEN EN 2050 ?

Une chose est sûre. S'il veut pouvoir s'adapter à tous les changements, l'homme du XXIᵉ siècle va devoir changer profondément. Il ne s'agit pas là d'un changement de génome ou d'une quelconque transformation génétique mais bien d'une évolution en profondeur de ses habitudes de vie, de ses comportements, de son rapport à l'autre et à l'environnement. D'*Homo sapiens* opportuniste et individualiste, l'homme du XXIᵉ siècle devra devenir un *Homo climaticus*, tourné vers la survie de sa planète, la notion de partage et de redistribution des richesses. Et avec lui, c'est aussi toute la société qui doit être réinventée. Nos transports et voyages en général, sources d'émissions de gaz à effet de serre, devront devenir exceptionnels ou ne ressortir que du seul covoiturage, nos loisirs gros consommateurs d'énergie comme le jet ski, la moto ou l'avion seront à proscrire, nos Caddie mis au régime carbone, sans viande bovine contribuant à la déforestation, poisson sauvage ou aliments exotiques, exclusivement axés vers les produits locaux, sans emballages, sacs plastiques ni produits jetables. Le XXIᵉ siècle sera le siècle de la chasse au gaspi, de la récupération, du recyclage et de la renaissance de l'imagination.

MON ASSIETTE ET MON VERRE DE VIN

La fin des « T-bones » ?

Vous raffolez de côtes de bœuf, de ris de veau et de foie gras poêlé ? Profitez-en car ça ne devrait pas durer longtemps ! Le menu type de 2050 pourrait bien afficher plutôt tofu (cette pâte de protéines de soja que nous connaissons déjà) en entrée, pois-brocolis sur lit d'insectes en plat et salade en dessert. Les conclusions du dernier rapport de l'Institut international d'étude de l'eau de Stockholm et de la conférence mondiale annuelle sur l'eau en août 2012 proposent que, d'ici 2050, bon nombre d'entre nous passent au régime végétarien. Par souci de santé ? Pas du tout. Pour éviter des pénuries alimentaires catastrophiques et des déficits en eau considérables. L'équation est simple. Dans moins d'un demi-siècle, il y aura 9 milliards d'hommes sur Terre et un doublement de la demande en produits animaux, viande et laitages entre 2000 et 2050. Il faudrait également doubler l'élevage d'animaux, ce qui, on l'a vu, n'est pas tenable pour la planète.

La production de viande nécessite à la fois de l'espace et des ressources en eau. Un régime riche en viande engloutit en effet 5 à 10 fois plus d'eau qu'un régime végétarien, preuves à l'appui. Produire 1 kilo de bœuf requiert 15 000 litres d'eau, 1 poulet 4 000 litres, 1 kilo de riz seulement 3 000. Si ce besoin n'est pas un problème pour les pays où l'eau abonde, il le sera dans les autres. Quant à l'espace, près de 30 % des terres habitables de la planète sont d'ores et déjà utilisées pour nourrir les animaux et faire pousser à grands coups d'irrigation les cultures destinées à son alimentation. En France, c'est près de 70 % des terres agricoles, en comptant les prairies, qui servent à l'alimentation du bétail. Rien qu'avec des courbes de consommation identiques à celles d'aujourd'hui, il y aurait en 2050 environ 36 milliards de vaches, veaux, cochons et autres volailles ! Conséquence logique, s'il faut toujours plus de terres et de céréales pour nourrir les animaux, ce ne peut être qu'au détriment des humains, alors même que près d'un milliard de personnes ne mangent pas à leur faim !

Outre cet aspect éthique, la production de viande a des conséquences environnementales. Responsable de 14 à 15 %[50] des émissions annuelles de gaz à effet de serre dans le monde, l'élevage a aussi un bilan carbone désastreux, rapporté à chaque consommateur. Au petit jeu des comparaisons, des experts ont calculé que produire 1 kg de bœuf engendre 20 fois plus d'émissions de gaz à effet de serre qu'1 kg de blé, 1 kg de veau équivaut à 220 km en voiture, 1 kg de bœuf est égal à 70 km, etc. Et quand on sait qu'un Français mange en moyenne 92 kg de viande par an, soit environ trois fois plus qu'avant la Seconde Guerre mondiale, on aura vite compris que le rétropédalage va se révéler douloureux mais nécessaire. Diminution de la consommation de viande et des protéines animales en général, évolution des modes de production agricole, nouveaux aliments, parmi lesquels le steak synthétique ou les insectes… Les pistes de notre alimentation future occupent aujourd'hui bon nombre de scientifiques, chercheurs, entrepreneurs, financiers et organismes internationaux.

---

50 Chiffre 2013 de la FAO. Il était de 18 % en 2006, preuve des efforts faits par l'élevage dans cette contribution à l'émission des gaz à effet de serre.

Les petites bêtes s'invitent au menu

Beignets de criquets, steaks hachés de sauterelles broyées, vers de farine[51] ou chocolats de Noël aux insectes comme cela existe déjà[52]. Qu'on aime ou non l'idée, les petites bêtes s'invitent au menu et il se pourrait fort qu'elles soient l'avenir de notre alimentation à tous. Vous en doutez ? Pourtant, la question est prise très au sérieux par bon nombre de scientifiques et les plus hautes instances internationales. En 2013, la FAO a produit un rapport intitulé « La contribution des insectes à la sécurité alimentaire, aux moyens de subsistance et à l'environnement ». Les insectes pourraient bien devenir un aliment de base de notre alimentation car ils sont dotés de nombreux avantages nutritionnels et de très faibles impacts environnementaux. De valeur nutritive quasiment égale à la viande ordinaire, ils constituent une grande source de protéines, sont moins coûteux à élever que les bovins, consomment moins d'eau et n'ont, pour la plupart, qu'une faible empreinte carbone[53]. Le mets incontournable de nos repas en 2050 !

D'après certaines études scientifiques, le taux de protéines des insectes comestibles est supérieur à celui des végétaux ainsi qu'à celui des viandes, œufs et volailles vendus dans le commerce. Bons pour l'homme (quand il ne développe pas d'allergies alimentaires, un problème fréquent), les insectes le seraient également pour les

---

51 Ce sont des ténébrions de la famille des coléoptères. Parmi eux, les coccinelles, les scarabées, les charançons…
52 Ils sont la création de Micronutris, producteur français d'insectes alimentaires et du maître chocolatier Guy Roux, spécialiste du chocolat sans sucre.
53 Cela dépend de ce qu'ils consomment. Le ver de farine, par exemple, peut en effet être alimenté par une farine de blé qui a poussé avec des engrais azotés…

poissons ou les volailles. Les chercheurs ont également montré que l'élevage d'insectes comme les criquets, les grillons et les vers de farine produisait beaucoup moins de gaz polluants (comme le méthane et le protoxyde d'azote) que les élevages porcins et bovins. Produire 1 kg de vers de farine émet, selon les insectes utilisés comme matière première, 10 à 100 fois moins de gaz à effet de serre que produire 1 kg de viande de porc.

Quant au rapport nourriture/production, il est imbattable ! Les animaux ne transforment pas tous de la même façon la nourriture qu'on leur donne. Certains, comme les vaches, requièrent une très importante masse de nourriture pour grossir, se développer et se chauffer. En proportion du poids d'alimentation ingurgitée, sa production de viande ou de lait est finalement assez faible. Les insectes ayant le bon goût de ne pas produire de chaleur, l'essentiel de leur alimentation (des sous-produits agricoles à peu près inutilisables ailleurs) est donc dédié à leur croissance. Le résultat ? Alors qu'il faut 8 kg d'aliments pour produire 1 kg de bœuf, il en faut 2 seulement pour obtenir 1 kg d'insectes !

En outre, avec plus de 1 400 espèces disponibles, il sera difficile de se lasser. La liste est infinie et beaucoup de ces insectes comestibles sont aussi des petites bêtes familières que l'on côtoie depuis toujours. Fourmis, termites, punaises d'eau, grillons, criquets, chenilles ou sauterelles pour ne citer que les principales stars du palais qui peuvent aussi être déclinées à toutes les sauces : vivantes, nature, frites ou bouillies, caramélisées, nous n'aurons que l'embarras du choix. Seule l'imagination peut limiter les combinaisons de goûts et de formes qui peuvent être créés, et les insectes se trouvent déjà dans de nombreux plats asiatiques comme condiments, en apéritifs, en plats principaux ou en desserts.

D'autres que nous ont compris depuis longtemps tous les bénéfices qu'ils pouvaient tirer de ces petits mets ailés. C'est le cas de 80 % des pays de la planète, essentiellement en Asie, Amérique du Sud et Afrique, soit plus de 2 milliards de personnes. Des milliers de fermes familiales de fourmis et de grillons ont déjà été créées en Thaïlande et au Laos. Des projets d'élevage de chenilles se développent en Afrique. Même si aujourd'hui nous faisons ici la fine bouche, n'oublions pas que la consommation d'insectes est une pratique ancestrale. Y compris en Europe. On en trouve trace dans l'Antiquité, où Aristote faisait déjà l'éloge des nymphes de cigales en évoquant leur « saveur exquise ». Sans oublier les mentions dans la Bible et le Coran.

Certes, nous n'en avons pas encore dans nos Caddie mais, l'insolite étant par définition « tendance », la consommation d'insectes, introduite par les plus grands chefs avant-gardistes, est en train de devenir un phénomène de mode gastronomique. En France, on les déguste dans certains restos ou bistrots branchés à Paris, mais aussi sur la Côte d'Azur où David Faure, le chef étoilé de l'*Aphrodite*, propose à Nice des « croustillants » de grillons…

Et si vous n'avez pas le temps (ou le porte-monnaie qui s'impose) pour pousser les portes de ces prestigieux restaurants, sachez que vous pouvez d'ores et déjà vous procurer ces amuse-bouches sans aller très loin de chez vous. En France, la grande distribution commence à s'y intéresser de près. Certains magasins Auchan proposent des sachets de grillons Crikeat, crème d'oignon, paprika, thym ou sésame au rayon apéro. Quant à Carrefour, qui ne veut pas être en reste, il commence à mettre en vente ses premiers biscuits aux insectes Micronutris. Basée à Toulouse, cette jeune entreprise française née en 2011, et première entreprise européenne dans le domaine, n'est pas en reste d'imagination. Sachets de biscuits d'insectes apéritifs, chocolats aux grillons croquants, délicieux macarons au vers de farine et poudre d'insectes... Vous en prendrez bien un deuxième ?

Cette alternative prometteuse des insectes a encore du chemin à faire. Particulièrement dans les pays développés. Ce type de production est difficile à rentabiliser pour les petites entreprises qui ont joué le jeu, avec un rapport coûts d'élevage/demande encore trop faible... À défaut de remplacer la viande pour les humains, les insectes pourraient en tout cas être utilisés sous forme de poudre pour remplacer les farines de poissons et de soja qui entrent dans l'alimentation des animaux d'élevage. Rien que pour cela, la piste est intéressante !

Tofu, tempeh et fermiers urbains

Si les insectes peinent à s'imposer dans nos assiettes et que la transition vers le « tout légumes » n'est pas gagnée, nul doute qu'en 2050 une part croissante de notre alimentation sera basée sur les protéines végétales. Avec la prise de conscience environnementale qui s'opère déjà, de plus en plus de populations s'intéressent à ces associations céréales + légumineuses qui viennent avantageusement remplacer la viande. Outre les céréales classiques, nos assiettes de 2050 devraient se remplir de quinoa, tofu, Quorn™ (une préparation protéinée à base de champignons), lentilles, tempeh (un aliment à base de soja fermenté), haricots et spiruline (une micro-algue d'eau douce). Quant aux pois jaunes du Canada, ils remplaceront peut-être les œufs dans la mayonnaise, comme nous le propose déjà Just Mayo, le premier produit de la société Hampton Creek. Remplacer les œufs représente de loin la plus grande difficulté lorsque l'on passe au vert. Et pourtant, nombreux sont les ingrédients qui peuvent s'y substituer comme l'agar-agar, la fécule, les graines de lin et de lupin ou encore le tofu. Ces trois dernières années, les protéines végétales vendues sous forme d'ingrédients ont connu une hausse de 5 % par an et cette croissance devrait doubler pour la période 2013-2018. Là encore, certaines grandes toques, comme Jean-Luc Rabanel dans son restaurant *L'Atelier*, à Arles, Alain Ducasse au *Plaza Athénée*, à Paris, ou encore Joël Robuchon, ont pris le parti du « tout vert » pour redonner le pouvoir aux légumes. La viande ou le poisson ne sont là qu'en assaisonnement, à travers la sauce ou le bouillon. Un coup d'État culinaire !

À côté de ces graines, céréales et autres légumineuses, nos assiettes ont de bonnes chances d'être également garnies de légumes urbains. Disséminés en villes, sur les toits des immeubles, les tomates, salades et autres légumes hors sol de ces serres très high-tech ne seront plus forcément l'apanage des seuls bobos aujourd'hui. Dégoûtés du système actuel, des légumes cultivés à coup d'engrais et de pesticides parcourant en moyenne 2 000 km de la récolte à l'assiette, bon nombre de consommateurs se seront probablement tournés vers la production en circuit court. Des produits élevés à la chaleur de l'immeuble, soit avec deux fois moins d'énergie qu'une serre traditionnelle, sans pesticides ni engrais chimiques, cueillis à la demande le matin pour être dans les assiettes le soir... mais qui pourraient être plus exposés à la pollution de l'air.

Plus difficile à trouver pourrait être notre paquet d'arabica pour le petit déjeuner matinal. Selon une étude, le café arabica pourrait bien disparaître à l'horizon 2080 dans certains pays ou connaître une chute de rendement de 38 % à 90 % à cause de l'augmentation des températures. Les graines d'arabica, qui poussent entre 19 et 25 °C, ne pourront supporter une température supérieure à 30 °C. Passé ce seuil, très probable au regard des scénarios du Giec, les arbres se dessèchent et les fruits meurent. Anticipant cela, de nombreux pays ont d'ores et déjà commencé à faire pousser cette culture en agroforesterie. Si certains champs de café se développent en plein soleil, les arbres et leurs ombres ont en effet des qualités très intéressantes pour les caféiers. Diverses études ont d'ailleurs démontré que le café arabica atteint ses plus hauts rendements avec 35 à 65 % d'ombre. C'est le cas au Costa Rica, où il a été conclu qu'une culture de café proche d'une forêt améliorait la production de 20 % et la qualité de 17 % ! Quoi qu'il en soit, si même l'arabica venait à manquer, nous pourrions nous rabattre sur le robusta, beaucoup plus résilient aux températures élevées.

De la viande au goût de laboratoire

Alors que restera-t-il si l'on veut s'envoyer un bon petit steak derrière la cravate ? Plutôt que de vous faire lyncher en commandant un T-bone de bœuf de 400 g, mieux vaudra alors opter pour le steak artificiel. Vieux serpent de mer de la science-fiction et de la diététique réunies, la viande synthétique refait surface depuis plusieurs années. Après le steak au pétrole des années 1970 (des levures élevées sur du gazole) vite abandonné, plusieurs laboratoires tentent en effet de synthétiser des steaks artificiels dont la matière première est issue de cellules musculaires et non de l'élevage traditionnel. Pour l'instant, les produits obtenus ne sont encore que des prototypes au prix exorbitant, mais les recherches pourraient parfaitement aboutir dans vingt ans à une production de masse à prix compétitif.

Présenté le 5 août 2013 à Londres par le chercheur néerlandais Mark Post, le premier steak *in vitro* aura nécessité six ans de recherche, une sérieuse empreinte carbone, quelques cellules souches de bœuf, des centaines de litres de milieu de culture, une bonne dose d'antibiotiques et d'hormones de croissance, des milliers de pipettes et… beaucoup d'argent. Le résultat au présent est encore un peu cher puisque le morceau de viande présenté coûte… quelque 245 000 euros ! Mais avec la mise en place d'un process industriel, son prix pourrait bien tomber à 65 euros le kilo. Reste qu'en dépit de son triste impact environnemental, son entrée dans les menus des restaurants est prévue d'ici sept ans et il devrait à cette date être trouvable dans les étals des supermarchés au côté des steaks de soja. Encore faut-il que la demande soit au rendez-vous, ce dont beaucoup d'experts doutent. La FAO, elle, a clairement choisi son camp en mettant tous ses espoirs dans les insectes comestibles…

Chaud-chaud les raisins !

« Vous reprendrez bien de ce petit cru suédois 2037 ? » Si la question a de quoi surprendre aujourd'hui, il n'en sera sans doute pas de même en 2050. Le changement climatique est en train de redessiner la carte mondiale des vignobles. Alors que les régions viticoles traditionnelles sont sous la menace de l'augmentation des températures et des sécheresses prolongées, de nouveaux territoires s'apprêtent, eux, à accueillir des vignobles. C'est le cas de la Tasmanie, de certaines régions de Nouvelle-Zélande, du sud du Chili, de l'Ontario, du sud-est de l'Angleterre[54], autant de régions où la vigne pourrait avantageusement

---

54 Dans le Sussex, le Kent, au sud de Londres…

s'installer. Quant à l'Allemagne ou au Danemark, ils ont déjà commencé à faire des vins élégants dans des endroits où rien n'était possible auparavant.

Chez les vignerons, le réchauffement ne se discute pas. Il se constate. Vendanges avancées de 2 à 3 semaines selon les régions depuis les années 1980[55], baisse de l'acidité, tanins plus mûrs, évolution aromatique incontestable et surtout augmentation des concentrations de sucres dans le raisin et donc d'alcool dans le vin… Les vins d'aujourd'hui saoulent plus vite ! Sans remonter à la nuit des temps, il y a trente ans encore, lorsque le cabernet-sauvignon d'un cru classé du Médoc atteignait 10,5° ou 11°, on parlait de grande année. Aujourd'hui, l'AOC châteauneuf-du-pape a vu son titrage passer de 13° à 14,5° en quinze ans. À ce stade-là, on s'approche des vins cuits… En Alsace, le degré moyen d'alcool du riesling était de 9° en 1970. Aujourd'hui, il est au minimum de 11,5 ! Les épisodes climatiques extrêmes sont aussi là pour rappeler ce réchauffement. Averses de grêle en 2011 et 2012, pluies trop abondantes en 2013, certains viticulteurs ont perdu jusqu'à un an de chiffre d'affaires en l'espace de trois ans.

Certains chercheurs américains ne se privent d'ailleurs pas pour prédire la fin du bordeaux ou des vins des côtes du Rhône avant la fin du siècle. Leur article, intitulé « Climate change, wine, and conservation[56] », annonce une sorte d'apocalypse de la viticulture. Selon leur index,

---

55 Les vendanges sont globalement passées de mi-septembre à fin août/début septembre selon les régions.

56 Publié en février 2013, cet article, coécrit par Hannah. L., Roedhrdanz P.R., Ikegami M., Shepard A.V., Shaw M.R., Tabor G., Zhi L., Marquet P.A. et Hijmans R.J., est le fruit d'une étude effectuée par des chercheurs américains, chiliens et chinois de l'université Bren School de Santa Barbara.

qui évalue « l'aptitude » de la vigne à se développer, entre un quart et trois quarts des surfaces de neuf grandes régions viticoles[57] ne seraient tout simplement plus adaptées à la viticulture dans une quarantaine d'années. Comme la quasi-intégralité de l'Europe du Sud, le vignoble français serait touché au premier chef. Adieu vins de Bordeaux, de la vallée du Rhône, du Languedoc-Roussillon. Les scientifiques français spécialistes du vignoble ont failli laisser tomber leurs éprouvettes devant une vision si catastrophiste qui sous-évalue la tolérance des cépages aux températures élevées, fait fi de l'adaptation possible des viticulteurs et des particularismes locaux, si importants en viticulture[58]. La prévision semble exagérément pessimiste, mais bon nombre d'indicateurs sont d'ores et déjà inquiétants. L'avenir dépendra du scénario climatique. Si le réchauffement se cantonne à une hausse de 2 °C avant la fin du siècle, l'adaptation se fera et se fera probablement bien. Si la hausse atteint les 4 °C, c'est toute la carte du vignoble française qui vole en éclats !

En attendant, les effets sont là. La hausse des températures, le stress hydrique, les changements brutaux de température, les averses inopportunes et le gel sont quelques-unes des variables ayant un impact profond sur l'équilibre des sucres, l'acidité, la maturité des tanins et la palette des arômes. Sous l'effet de la chaleur, certains vins blancs, autrefois renommés pour être vifs et délicats,

---

57 L'article cite en particulier le Bordelais, la vallée du Rhône, la Toscane, mais aussi les vins australiens, chiliens, sud-africains ou californiens, et annonce un sursis pour l'Alsace et la vallée de la Loire.
58 Viguie V., Lecocq F., Touzard J.-M., 2014. « Viticulture and adaptation to climatic change », *Journal international des sciences de la vigne et du vin*, numéro spécial, 2014.

deviennent plus gras, avec des notes florales prononcées. Les vins rouges de structure moyenne se transforment en bombes fruitées, riches et concentrées. En Alsace, le changement climatique est déjà un problème car il transforme le profil aromatique et l'équilibre des sucres et des acidités. Même constat dans le Languedoc, où le manque d'eau et la saturation alcoolique du vin a poussé des viticulteurs à planter des vignes plus en altitude et sur des sols différents. Mais avec quelle garantie de résultat ? La vigne est l'une des rares cultures aussi tributaire à la fois d'un sol, d'un environnement, d'une altitude et d'un climat très spécifique. Au cours de l'histoire, elle a été plantée dans des lieux très précis pour tirer un parti optimal de cette alchimie, au périmètre parfois très réduit. Quelques mètres carrés suffisent parfois à faire la réputation mondiale d'une cuvée. Et déplacer une vigne de quelques centaines de mètres peut entièrement changer le vin.

À l'inverse, le beaujolais gagne en qualité ! Alors que les vignerons étaient autrefois obligés d'ajouter du sucre pour soutenir les niveaux d'alcool, la chaleur (comme celle de l'été 2003) donne à ses vins un niveau plus haut de gamme, proche de ceux des côtes-du-Rhône. Même constat pour le bourgogne, dont le raisin n'arrivait souvent pas à maturité au moment des vendanges, ce qui n'est plus le cas aujourd'hui ! Le profil des grands vins de Bourgogne est d'ailleurs bien différent de celui qu'il avait dans les années 1960, avec des couleurs plus belles, plus profondes et accentuées. Et comme la canicule de l'été 2003 risque de devenir la norme…

Gagnants, perdants, en attendant comment faire pour que ce patrimoine français d'exception ne pâtisse pas des conséquences du réchauffement climatique ? C'est tout le travail auquel se livre l'Inra qui, à travers le projet

Laccave[59] fédérant 23 laboratoires de recherches et 80 chercheurs, examine les principaux effets du changement climatique sur la vigne et le vin et tente d'explorer les innovations et stratégies d'adaptation possibles[60]. Comment relocaliser les vignes dans des zones plus fraîches ou encore plus en altitude sans trop modifier la qualité du vin ? Quelles nouvelles variétés tester pour qu'elles soient plus tardives, plus résistantes à la sécheresse et à la chaleur, capables de produire des raisins moins sucrés ? Pour tenter de répondre à tout ça, on peut expérimenter de nouvelles pratiques viticoles[61], essayer des levures pour limiter la transformation du sucre, introduire l'irrigation au goutte-à-goutte, réduire la taille et l'effeuillage de la vigne pour mieux protéger le raisin du soleil, modifier les réglementations, revenir à des cépages délaissés ou à des variétés étrangères qui ont fait leurs preuves sous des latitudes plus chaudes…

On peut également décider de vendanger la nuit pour éviter les températures trop élevées et l'oxydation prématurée des raisins, ou intervenir une fois le vin produit pour le désalcooliser ou l'acidifier. Comme pour d'autres cultures, on peut aussi, sans modifier génétiquement les vignes, renouveler les cépages ou essayer d'isoler les gènes intéressants de telles ou telles variétés capables de résister à la sécheresse ou à la maladie, par exemple, pour créer de nouvelles variétés !

---

59 Long term impacts and Adaptation to Climate ChAnge in Viticulture and Enology.
60 Stress hydrique et adaptation au changement climatique pour la viticulture et l'œnologie : le projet Laccave. N. Ollat, écophysiologiste à l Inra de Bordeaux, et J.-M. Touzard, économiste à l'Inra de Montpellier, coordonnent ensemble le projet.
61 Barbeaux G., Ollat N., Neetheling E., Touzard J.-M., « Les méthodes d'adaptation au changement climatique » *in* Quenol H. (coord.), *Chargement climatique et terroirs viticoles*, Lavoisier.

Recycler l'eau pour irriguer les vignes

Et si l'eau de notre douche servait en 2050 à irriguer nos vignes ? C'est en tout cas l'expérience extrêmement intéressante qu'est en train de mener l'Inra à Gruissan, dans l'Aude.

C'est en 2000 que les viticulteurs de la région ont commencé à s'alarmer. Faute de pluie suffisante, la photosynthèse se faisait moins bien, les vignes produisaient des raisins moins mûrs et moins nombreux. En 2011, ils saisissent l'Inra, qui lance le programme de recherche Irrialt'eau en collaboration avec Veolia Eau. L'idée repose sur l'utilisation des eaux usées de deux stations d'épuration du Grand Narbonne qui, après traitement, pourraient venir irriguer les vignobles. Une bonne façon d'éviter de puiser dans les nappes phréatiques, et une première en France ! Alors qu'en Israël, 80 % des eaux usées sont recyclées.

L'expérience commence en juillet 2013 après avoir reçu l'aval de l'agence régionale de santé. Elle consiste à comparer les résultats de deux parcelles de deux cépages différents (viognier et carignan) alimentées au goutte-à-goutte par quatre types d'eau. Une eau de ville, une eau de rivière et deux eaux provenant de la station d'épuration de Narbonne-Plage, traitées par deux prototypes différents[62] conçus par Veolia.

En septembre 2014, ont eu lieu les premières vendanges des parcelles ainsi irriguées. Et les premiers résultats sont très encourageants. Qualité au rendez-vous et quantité plus que satisfaisante.

Si le dispositif continue à faire ses preuves, les débouchés pourraient être prometteurs car les communes de la région manquent souvent d'eau et, en été, elles sont aussi très fréquentées par des touristes fort producteurs d'eaux usées.

L'eau servira donc deux fois. Pour l'eau potable et pour l'irrigation !

De nombreuses autres stratégies d'adaptation sont possibles, à commencer par les dispositions de la vigne elle-même, qui a souvent montré qu'elle était capable de s'adapter. Pour preuve, au XVIIIe siècle, le principal vignoble français était... l'Île-de-France. Quant au cépage merlot,

---

62 L'une par filtration/UV/chloration, l'autre par filtration/chloration.

le plus répandu en Gironde, il a été mis à la mode en raison du goût des consommateurs américains dans les années 1970. Quoi qu'en disent ces cassandres, les zones traditionnelles viticoles françaises ont encore de l'avenir devant elles et l'adaptation est en marche…

Cependant, la carte postale de nos vignobles mondiaux en 2050 sera probablement marquée par la prédominance de la Chine, 1er producteur et consommateur de vin, suivi de près par les États-Unis et l'Europe, au sein de laquelle la France aura encore le leadership. Malgré les crises à venir, l'Hexagone aura probablement réussi à maintenir et à faire évoluer ses vignobles prestigieux d'appellation comme le champagne, le bordeaux ou le bourgogne, tout en ayant des terroirs viticoles naissants en Bretagne ou en Normandie et des îlots (dans le Sud, en particulier) de vins beaucoup plus « technologiques », avec nouveaux cépages, irrigation et techniques culturales high-tech…

À quoi ressembleront les vins du futur ?

Intéressante, cette expérience menée par l'Inra sur les « vins du changement climatique ».

L'idée est de savoir si les consommateurs s'arcbouteront sur les goûts qu'ils connaissent déjà ou s'ils s'adapteront à l'évolution des vins de demain, plus alcoolisés, moins acides et aux arômes bien différents. On sait, par exemple, que les bordeaux de l'année 2003, année de la canicule, ont vu leurs composantes aromatiques passer d'un goût de fruits frais (mûre, framboise…) à celui de fruits cuits (cassis, figue…). Le goût des consommateurs suivra-t-il ? Dans la négative, il conviendra alors que les viticulteurs corrigent le différentiel pour retrouver le goût traditionnel.

L'Inra a donc organisé des dégustations pour le grand public où consommateurs peu experts et fins connaisseurs étaient invités. Le résultat est sans appel. Acceptés et appréciés dans un premier temps, les « vins du changement climatique » saturent vite et ne donnent pas forcément envie d'y revenir… Trop expressifs, trop alcoolisés, générateurs de lassitude et d'écœurement.

La petite production artisanale et individuelle aura également fleuri ici et là. Peut-être ferez-vous d'ailleurs partie de ces heureux bricoleurs bacchiques, propriétaires d'un petit lopin de vigne en zone urbaine, qui fabriqueront eux-mêmes leur vin personnalisé, le must des dîners en ville !

Une assiette « hors-sol » ?

Difficile d'être certain du paysage qu'offrira notre assiette en 2050. Car cela dépendra en grande partie des choix que nous ferons dès maintenant. Opter pour une nourriture sous contrôle, une France alimentaire aseptisée et ultra-technologique. Ou vouloir retrouver le goût des bons produits de la terre. Dans le premier cas, nous connaîtrons alors l'ère des gastronomes moléculaires en blouses blanches, où la biochimie règne en maître. Confrontée à la sécurité sanitaire et aux contingences de traçabilité toujours plus impérieuses, l'agriculture ne serait plus que la pourvoyeuse de matières premières, sortes de molécules mises à profit par le secteur industriel pour façonner une nourriture aux qualités nutritives constantes, conforme aux canons de la diététique, sorte d'« alicament » (médicament alimentaire). Une assiette qui ne donne pas la frite !

Dans le second cas, nous retrouverons l'appétit du « bon ». Cette attitude est déjà en route et elle est aiguillonnée par un vaste mouvement de retour aux sources. Rejet du système économique actuel et préférence pour une agriculture bio réorientée vers « l'alimen-terre » plutôt que l'alimentaire, diminution raisonnée de la consommation de viande, remise en valeur des circuits courts et des produits locaux, apologie du *slow food* en opposition à la malbouffe…

Si la perspective de manquer de steak échauffe la planète et du même coup nos esprits, la question du végétarisme n'est toutefois pas complètement tranchée. Certains experts arguent en effet que les végétariens des pays développés ne consommeraient pas beaucoup moins de ressources que les omnivores modérés. Plus perturbant encore, le Fonds mondial pour la nature a publié, en 2010, un rapport sur l'impact de la production alimentaire qui souligne que les substituts à la viande, comme les aliments faits de soja importé, pourraient même utiliser plus de terres cultivables que leurs équivalents en viande ou en produits laitiers...

Quoi qu'il en soit, il existe des solutions plus réalistes. Investir en agriculture, comme on l'a vu, pour sélectionner des variétés de plantes plus résistantes aux aléas climatiques, sécheresse, inondations, températures extrêmes, fournir aux paysans des semences capables de faire progresser leurs rendements, mettre au point de nouvelles techniques pour limiter la dégradation des sols, éliminer le gaspillage massif des pays développés et les pertes après récolte des pays pauvres, constituent des leviers plus puissants pour assurer la sécurité alimentaire des décennies à venir et remplir de nos assiettes. Le développement de riz capable de pousser sur des terrains trop salés serait, par exemple, une innovation agronomique majeure. Il permettrait aux agriculteurs japonais, entre autres, de réutiliser les quelque 20 000 hectares de terres agricoles inondées lors du tsunami.

Le contenu de nos assiettes passe aussi par un certain nombre d'interrogations fondamentales. Près de 500 millions d'agriculteurs nourrissent la population mondiale. Or, si l'on généralisait à la planète le modèle agro-industriel actuel, 500 000 entreprises agricoles exploitant chacune 4 000 hectares de terre suffiraient à alimenter les 9 milliards d'humains que nous serons en 2050. Mais que deviendraient alors les paysans du monde ?

Même question concernant l'élevage. Peut-on raisonnablement envisager de supprimer le bétail qui fait vivre 1 milliard de paysans pauvres ? Les animaux d'élevage peuvent se nourrir sur des terres qui sont impropres à la culture de céréales et autres végétaux riches en protéines. Leur disparition ne permettrait pas d'utiliser toutes les surfaces devenues disponibles. De plus, si l'élevage intensif est discutable d'un point de vue éthique, il n'en est pas de même du paysan qui travaille dans le respect des bêtes et du consommateur. Balayer la consommation de viande d'un revers de main, c'est oublier ces millions de petits éleveurs vertueux qui dépendent étroitement de notre alimentation. Enfin, les paysages d'élevage sont plus favorables à la faune sauvage et préservent mieux la biodiversité que les grandes cultures céréalières. Ces « détails » semblent avoir été négligés par tous ceux qui prônent le végétalisme (c'est-à-dire l'alimentation exclusive par les végétaux) et tentent d'entrevoir des solutions alimentaires « hors-sol » pour 2050. La réalité, comme souvent, sera probablement entre les deux et notre assiette en sera le reflet. Salade d'algues en entrée, poisson d'élevage avec nouvelles variétés de plantes en plat de résistance, le tout accompagné d'un bon petit cru bordelais à 15°…

MA SANTÉ

N'allons pas chercher la petite bête...

Retour du paludisme ou apparition du chikungunya, augmentation du nombre de décès dus aux vagues de chaleur, aggravation des allergies ou des maladies infectieuses, les effets connexes au dérèglement climatique sur notre santé sont souvent agités par les médias comme autant de grandes peurs récurrentes. Entre risques réels et fantasmes, qu'en sera-t-il exactement en 2050 ?

En matière de relation entre le changement climatique global et la santé, on se retrouve vite devant une équation à plusieurs inconnues (en particulier celle qui concerne les comportements individuels et collectifs). Quelle sera l'ampleur exacte de ce réchauffement et quelle sera alors notre capacité d'adaptation ? Quelle influence aura-t-il sur les maladies saisonnières ? D'autres maladies infectieuses pourraient-elles émerger sous nos latitudes ? On le voit, la mesure des effets du changement climatique ne peut-être que très approximative. Une seule certitude, nous ne sommes pas égaux face à ces effets, ni d'une région à l'autre du globe, ni d'un individu à l'autre. Les pays en développement devraient payer un bien plus lourd tribut que les pays industrialisés, au sein desquels les plus fragiles seront des victimes. Essayons de comprendre ce qu'il en sera chez nous.

Les maladies transmises par les moustiques, telles que le paludisme, la dengue, la fièvre jaune ou le chikungunya, dit-on, pourraient revenir... Ces maladies, transmises à l'homme par des moustiques qui restaient cantonnés jusque-là sous les tropiques, ont effectivement tendance à remonter progressivement vers le nord depuis quelques années. Des températures plus douces, plus constantes, couplées à des périodes de pluie plus longues pourraient en effet entraîner une expansion du paludisme, par exemple, au sud de l'Europe. On sait que le moustique tigre responsable du chikungunya a déjà atteint le sud de la France et que la tique responsable de la maladie de Lyme est désormais dans l'est de la France et le Massif central. Mais est-ce effectivement lié au changement climatique ? Rien de moins certain car bien d'autres facteurs peuvent nous les acheminer : l'avion, les coffres de voitures, les containers, les wagons de train, autant de vecteurs sans aucun lien avec le climat !

En effet, même arrivés sur place, il y a peu de chances que ces insectes s'y plaisent. Certes, les températures en France sont pour l'instant en hausse, mais ils n'aimeraient pas qu'elles dépassent 33 °C. Les hivers sont encore un peu trop froids (il leur faut au moins 18 °C pour survivre) et la diminution des eaux stagnantes et des petits recoins humides est peu propice. Or bon nombre de ces moustiques ont absolument besoin d'eau pour pondre leurs œufs. (N'oublions pas que le palu existait en Sologne, autour de Montpellier, en Brière et dans la Bresse jusque dans les années 1950 ! Ce n'est qu'en asséchant les marécages puis en ayant massivement recours au DDT[63] après-guerre, et enfin grâce aux campagnes de démoustication, qu'on a éradiqué ce fléau.)

L'hygiène, la propreté des maisons, l'assainissement, une moins grande promiscuité, les insecticides ne leur sont pas non plus très favorables. Sans parler du système de prévention dont la France s'est dotée. Entre les réseaux de surveillance qui savent détecter chacune de ces maladies, la capacité des médecins à soigner les patients et les armées de démoustiqueurs qui passeraient au peigne fin tous les lieux susceptibles d'accueillir des nids à larves, ces insectes auraient du mal à s'attarder[64]. À la différence de nombreux pays en développement, on peut penser que

---

63 Dichlorodiphényltrichloroéthane.
64 Cependant, on observe tous les 4 ou 5 ans une résistance récurrente des moustiques aux molécules utilisées pour les détruire.

leur expansion ne présenterait un réel danger pour la France ou l'Europe que si on oubliait totalement les mesures d'éducation, de prévention et de détection mises en place. Peu de risques d'être, un jour de 2050, en arrêt de travail pour cause de dengue ou de paludisme.

L'interaction entre maladie et réchauffement climatique est, en revanche, beaucoup plus nette en ce qui concerne la maladie de Lyme ou la leishmaniose, véhiculées respectivement par les tiques et des petits moucherons qui apprécient la hausse des températures et l'humidité. Le lien est également fort en ce qui concerne les maladies dites « diarrhéiques » avec vomissements et autres complications provenant d'intoxications après l'ingestion de certains coquillages et fruits de mer (même si, là encore, la pollution marine y est sans doute pour quelque chose !). Pour le reste, nous sommes dans ce qu'il est convenu d'appeler des « faisceaux de présomption », faute de recul suffisant.

Ça chauffe en ville...

Plus probables en revanche, les allers-retours que vous devrez faire pour surveiller vos vieux parents les étés de canicule.

Tous les rapports l'attestent, en 2050, les étés seront plus chauds que maintenant. Et il se pourrait, estiment les experts, qu'un été sur trois soit à l'image de la canicule de 2003 que tout le monde garde en mémoire. Cette année-là, la France a connu 20 000 décès prématurés (70 000 en Europe) soit une augmentation de 60 % par rapport à la mortalité moyenne entre le 1er et le 20 août. L'Italie et l'Espagne ont connu le même sort en 2003, et en 2010 c'est la Russie qui en a fait les frais avec plus de 56 000 morts à Moscou. Déshydratation, hyperthermie, maladies vasculaires, complications respiratoires, 9 décès sur 10 en France étaient des femmes âgées, vivant seules dans des grandes villes en « surchauffe ». Car chaleur et pollution vont de pair. L'augmentation de la teneur de l'air en ozone et autres polluants qui exacerbent les maladies cardiovasculaires et respiratoires est un autre facteur aggravant de ces canicules.

Déjà responsable de plus de 30 000 décès en France par an, la pollution serait démultipliée par la chaleur extrême. Un article paru dans *Nature* en 2013 annonçait que le dérèglement climatique pourrait se traduire par 3 millions de décès prématurés par an à l'horizon 2100, par conjonction de ces deux facteurs. Lorsqu'un anticyclone bloque au sol une masse d'air surchauffée, l'air pénètre dans les poumons avec tout ce qu'il recèle de particules et d'émissions polluantes émises par le trafic routier. Or les grandes villes, telles qu'elles ont été pensées en France, sont de véritables pièges à chaleur. Le macadam emmagasine les calories durant la journée et les réfléchit le soir sans que ces courants d'air chaud puissent s'échapper du couvercle urbain. En 2003, les plus de 85 ans étaient 1,2 million en France ; ils devraient être 4,5 millions en 2050.

Les poumons ne seront pas les seuls organes affectés. Les rayonnements ultraviolets risquent aussi de faire leur œuvre et mieux vaudra se protéger du soleil en 2050. Les cataractes devraient augmenter. La chaleur et la pollution vont également faire exploser les cas d'asthme et d'allergies. L'augmentation de la quantité de dioxyde de carbone dans l'atmosphère, qui permet aux plantes de produire davantage de pollens, donc plus d'allergènes, l'arrivée plus précoce de ces pollens, l'allongement de la période de floraison plus l'arrivée de nouveaux pollens émis par des plantes rencontrées plus au Nord devraient exacerber les rhinites et autres conjonctivites.

D'autres désagréments pourraient bien provenir de ce réchauffement climatique. L'augmentation de la température des lacs et rivières pourrait entraîner le développement de bactéries causes de gastro-entérites mais aussi d'algues, rendant la consommation de coquillages dangereuse, l'ensoleillement plus fort pourrait causer un vieillissement cutané accéléré, les hivers plus doux, une augmentation de maladies transmises

L'effet domino du changement climatique

Certains effets du changement climatique peuvent provoquer des événements en cascade qui finissent par impacter notre santé.
Prenons un exemple. Celui de la canicule de 2003. Au cours de cet été-là, les arbres se sont débarrassés de leurs feuilles prématurément pour essayer de conserver le maximum d'eau pour eux-mêmes. Ce réflexe de survie a du même coup entraîné un éclaircissement de la forêt et un surcroît de soleil, qui a brûlé les plantes des sous-bois. Complètement asséchée, cette végétation a été l'objet, dans de nombreuses régions, d'incendies qui ont ravagé les forêts.
Cet été-là, des cours d'eau et des lacs ont vu une prolifération anormale de bactéries et d'algues nocives. Ingurgitées par les poissons, puis mangées par les consommateurs que nous sommes, ces dernières ont été à l'origine de nombreuses intoxications alimentaires.
Autre conséquence du réchauffement dont les répercussions auraient pu être dramatiques, cette centrale nucléaire située dans le Tarn-et-Garonne, arrêtée en d'urgence au cours de l'été 2003. Faute d'alimentation suffisante de la Garonne, donc de refroidissement, elle était entrée en surchauffe !
Et puis, que dire de tous les migrants climatiques qui passent les frontières pour fuir les catastrophes naturelles de leur pays ? Bien que ce phénomène soit très marginal en France, l'arrivée massive de ces migrants pour bon nombre de pays d'accueil va de pair avec une recrudescence de la pression démographique, une raréfaction des ressources en eau potable et des disponibilités alimentaires, donc une fragilisation sanitaire des populations...

par les tiques, la baisse des vents, une détérioration de la qualité de l'air, et des saisons moins marquées, la fin des cycles saisonniers qui empêchent bon nombre de maladies de sévir dans la durée. Ce sont en effet les cycles saisonniers qui nous permettent de mettre fin à pas mal d'épidémies. Tout simplement, les agents pathogènes n'apprécient ni les extrêmes (froid des pôles ou fournaise des déserts) ni les fortes variations météorologiques. Un équilibre salutaire...

Des effets compensatoires du réchauffement ?

N'y aura-t-il donc aucun effet bénéfique à ce réchauffement ? Eh bien si. Première bonne nouvelle, la mortalité hivernale risque de baisser ! On sait que le rythme annuel de la mortalité, hors des tropiques, est le plus souvent caractérisé par une culmination pendant l'hiver, surtout si ce dernier est rigoureux. Avec des hivers plus doux et plus pluvieux, cette surmortalité devrait chuter. Autre effet bénéfique, la synthèse de la vitamine D que nous apportera le soleil et dont notre corps a bien besoin. Mais point trop n'en faudra...

Dernière bonne nouvelle, selon un rapport de l'Organisation Météorologique Mondiale et du Programme des Nations Unies pour l'Environnement en 2014, la couche d'ozone est en train de se réparer et serait même reconstituée d'ici 2050. De quoi éviter 2 millions de cancers de la peau chaque année d'ici à 2030, grâce au grand sursaut des années 2000. L'ONU cite en premier lieu le protocole de Montréal signé en 1987, « l'un des traités relatifs à l'environnement les plus efficaces au monde ». Le texte interdit l'usage de certains composants, chlorofluorocarbures (CFC, des gaz issus de l'industrie) en tête. Aujourd'hui ratifié par 196 pays, l'accord a permis une action concertée menant à des résultats rapides. C'est aussi une conséquence positive du changement climatique que de favoriser la reconstitution de la couche d'ozone, les gaz à effet de serre refroidissant l'atmosphère à très haute altitude. Inversement, la lutte contre le trou de la couche d'ozone, avec l'interdiction des composés chlorés et bromés, a eu pour bénéfice collatéral de limiter (dans une certaine mesure) le réchauffement climatique. Le principe des vases communicants…

Plus confinés dans nos intérieurs à cause de la chaleur, nous serons du même coup moins confrontés aux éléments externes (mais avec la contrepartie d'être peut-être plus affectés par les pathologies véhiculées par les systèmes d'air conditionné, on ne peut pas tout avoir !). Une autre inconnue probablement positive est aussi l'adaptation elle-même des moustiques. Beaucoup d'entre eux ayant des larves qui ne supportent pas les températures dépassant 33 °C, on devrait en être débarrassé en période de grande canicule. Et, dans la même veine, un climat propice au moustique peut se révéler défavorable au virus qu'il transporte.

Si nous élargissons notre lorgnette hexagonale, il y a de fortes chances que certaines régions d'Afrique ne connaissent plus le paludisme, en raison des sécheresses accrues et d'une moindre pluviométrie, qui réduisent l'existence des marigots.

Des mesures sanitaires contre la canicule et les pollutions de l'air

La canicule de 2003 a pris tout le monde de court alors même qu'on aurait parfaitement pu en anticiper les conséquences. Car les 20 000 morts de cette canicule ont essentiellement été dus à l'impréparation de notre pays à une chaleur anormale.

Cet épisode a en premier lieu mis en évidence l'insuffisance des systèmes de climatisation. Même si la clim' n'est pas la panacée puisqu'elle consomme de l'énergie et émet donc des gaz à effet de serre, elle a quand même fait ses preuves, en particulier aux États-Unis auprès des personnes âgées. Notre pays était également sous-informé sur les risques de l'hyperthermie et de la déshydratation. Forts de cette leçon, les pouvoirs publics ont aussitôt édicté de nouvelles consignes pour éviter qu'une telle catastrophe se renouvelle : climatiseurs dans les maisons de retraite, distribution immédiate d'eau minérale, tournées pour pouvoir assister les personnes en détresse, hospitalisation rapide. En 2010, le Plan national d'adaptation au changement climatique est encore venu renforcer cette prévention grâce à la mise en place d'un groupe santé-climat, rassemblant des acteurs de la santé, des spécialistes du climat mais aussi de la biodiversité ou de l'écotoxicologie, au sein du Haut Conseil de la santé publique. Gageons qu'en 2050, nos hôpitaux comme nos maisons de retraite auront des protocoles bien rodés, du personnel soignant formé et des équipements adéquats.

La canicule a également mis en lumière l'inadéquation complète de nos villes françaises aux températures extrêmes. Le Portugal, qui a connu la même vague de chaleur, a mieux résisté avec ses 700 morts « seulement ». L'architecture, le choix des matériaux de construction et jusqu'à la couleur des peintures utilisées pour les façades des bâtiments ou le revêtement des routes, l'état de pollution de la ville avec la suppression ou la diminution du couple infernal voiture/ville, l'agencement des habitations par rapport aux vents peuvent aussi jouer dans l'impact. En 2050, les grandes agglomérations françaises auront été systématiquement équipées de lieux climatisés la nuit, mais aussi de parcs et jardins, où la température peut être plus fraîche de plusieurs degrés que dans le reste de la ville. Des « quartiers frais » où l'espace public et les murs des bâtiments sont peu ensoleillés, et des « oasis urbaines » faites d'espaces larges comme les places ou les esplanades qui (même s'ils sont fortement ensoleillés la journée) se refroidissent vite la nuit à cause de l'absence de construction, auront probablement été délimités dans chaque grosse agglomération. L'arrosage des voies par les services techniques de la ville sera opérationnel dès les premiers signes de canicule.

D'autres mesures peuvent être prises pour nous aider à lutter contre les effets nocifs du réchauffement. On sait, par exemple, que les maladies infectieuses sont amplement facilitées, propagées et aggravées par l'homme s'il ne prend pas un certain nombre de précautions. Et c'est bien là que nous ne sommes pas égaux. Entre les pays en développement qui manquent de tous moyens et nos pays industrialisés, l'injustice est criante. Le contexte environnemental, économique et social d'un pays est en effet déterminant pour anticiper, protéger, soigner les populations. Et tous les dangers dont nous venons de parler, maladies infectieuses, maladies à vecteur comme le paludisme ou la dengue, canicules, sont amplifiés par l'état de vulnérabilité d'une société et ses insuffisances en matière de santé publique. Gageons qu'en 2050, de solides politiques d'information auront été menées et l'ensemble de la population sera désormais au fait des préventions élémentaires pour contrecarrer les maladies infectieuses[65] (fini les fossés délaissés, les gouttières engorgées, les vieux

---

65 En particulier celles transmises par des arthropodes (cloportes, araignées, scorpions, insectes). Ces maladies peuvent être parasitaires (comme le paludisme, la maladie de Chagas), bactériennes (comme la borréliose de Lyme, les rickettsioses, la peste) ou virales (telles que la dengue, le chikungunya et le virus du Nil occidental).

pneus remplis d'eau stagnante). Parions également que notre épidémiologie sera encore plus performante pour détecter les premiers cas, les médecins mieux formés pour reconnaître les symptômes en un temps record, les bons réflexes acquis pour prévenir les situations d'urgence, etc. Autant de progrès qui, en poussant l'optimisme jusqu'au bout, auront aiguisé l'intérêt des firmes pharmaceutiques et accéléré l'apparition de nouveaux traitements et vaccins.

Des moyens indirects sont susceptibles d'améliorer notre état de santé et ils découlent d'un cercle vertueux, à commencer par la diminution des gaz à effet de serre. L'Organisation mondiale pour la santé estime que des millions de vies pourraient être sauvées chaque année si les gouvernements parvenaient à s'entendre pour réduire les émissions de gaz à effet de serre et à prendre des mesures rapidement. La pollution de l'air serait aujourd'hui responsable de 7 millions de décès prématurés par an dans le monde ! Réduire les émissions de GES, ce serait du même coup diminuer la pollution de l'air et les maladies cardio-vasculaires et respiratoires qui lui sont liées. Sans parler des économies que de telles mesures représenteraient pour les États. On a calculé que les coûts directs du changement climatique sur la santé seraient de 2 à 4 milliards de dollars par an jusqu'en 2030 si on ne fait rien…

Moins spectaculaire et pourtant loin d'être anecdotique, la disparition de tous ces agents infectieux et leurs cortèges de vecteurs, allergènes ou simplement agresseurs est aussi une très bonne nouvelle pour notre quotidien de 2050. Outre les acariens minuscules et autres moisissures, l'intérieur de nos habitations est envahi de polluants invisibles, inodores et insoupçonnables. Ce sont les composés organiques volatils, ou COV. Et ils se trouvent partout. Dans les parfums, les désodorisants, les détachants, les solvants de peinture, les colles, les vitrificateurs, de nombreux détergents de vaisselle, les vernis, les décapants, l'ensemble des cosmétiques, les films alimentaires, etc. Les moins toxiques se contentent d'attaquer nos yeux, nos bronches, notre peau. Les autres, plus ou moins cancérigènes, mutagènes ou nocifs pour la reproduction, sont nettement plus dangereux. Et pourtant, ils sont là, dans nos meubles, sous nos moquettes, derrière nos papiers peints et bien en vue dans les rayons de nos magasins de bricolage préférés. Tout cela pourrait être fini en 2030 grâce au programme européen Reach. Ce programme, dont le but est de retirer du marché les substances les plus dangereuses, contraint les industriels à passer à la loupe tous leurs produits (y compris ceux qu'ils importent) pour en vérifier la composition jusqu'à la plus infime molécule, avant de les inscrire auprès d'une agence centrale. Nos habitations seront probablement plus saines en 2050 qu'aujourd'hui et ce sera toujours ça de pris comme bénéfice sur le changement climatique ! En attendant, ouvrons nos fenêtres pour aérer nos maisons !

MES LOISIRS ET MON ENVIRONNEMENT

« Pour le moment, le monde se moque un peu que des îles aussi sympathiques que les Maldives ou les Tuvalu, peu peuplées, soient un jour submergées à cause du réchauffement climatique. Mais attendez que les Pays-Bas, 16 millions d'habitants, et le Bangladesh, 130 millions d'habitants, commencent à se fâcher et vous allez voir les choses changer. » Cette petite phrase de Michel Rocard[66]

---

66 Ancien Premier ministre ; en 2011, ambassadeur français chargé des affaires polaires.

prononcée en 2011 doit pourtant commencer à en chagriner plus d'un. À commencer par ceux qui sont originaires de ces zones tropicales.

Côté tourisme, le changement de climat touche déjà de nombreuses destinations et les choses ne devraient pas s'arranger. Entre la hausse des températures, l'accroissement des épisodes climatiques violents, l'élévation du niveau des mers, l'érosion des plages, la fonte des neiges et la perte des biodiversités un peu partout dans le monde, les agences touristiques de 2050 se seront progressivement adaptées à la disparition d'une partie de leur catalogue.

Sports d'hiver et tourisme balnéaire en restructuration !

Commençons par la France, où l'impact du changement sera probablement moins grave que pour d'autres pays. Pour l'heure, il y a déjà des dégâts sur au moins deux types de vacances. Le tourisme de plage et les sports d'hiver. Depuis quelques décennies, les stations balnéaires connaissent en effet un recul de fréquentation à cause des fortes tempêtes, du rétrécissement des plages, de la prolifération des algues ou de la recrudescence des méduses. Des régions prisées comme la Camargue, le bassin d'Arcachon, ou des plages comme celles de La Grande Motte, du Cap d'Agde ou de Palavas-les-Flots, en Languedoc-Roussillon, pourraient connaître la désaffection. La hausse des températures s'accentuant en particulier dans le Midi, il y a fort à parier que nous rechercherons la fraîcheur soit en montant plus au nord ou en montagne, soit en changeant nos périodes de vacances pour profiter de la nouvelle douceur du printemps et de l'automne.

La canicule de 2003 a bien montré cette redistribution des destinations de vacances. Pour fuir ces températures excessives, nous nous sommes tous rués sur la Normandie, la Picardie, la Lorraine, la Bretagne et les montagnes, qui ont enregistré des taux record de fréquentation. Les Côtes d'Armor, par exemple, ont connu des 26 °C en bordure de mer à faire pâlir les Méditerranéens. D'autres activités ou lieux spécifiques de vacances, comme les grottes, les stations thermales, les cures de thalassothérapie, les campings avec ombrage et piscine ou les locations de bateaux ont, eux aussi, littéralement décollé. Quant aux villes, il se pourrait bien qu'elles soient désertées par bon nombre de touristes raisonnables (ou âgés) en été. Avec de véritables îlots de chaleur, la température au cœur du centre historique de Paris et de bon nombre d'autres grandes villes de l'Hexagone pourrait bien grimper de 3,5 à 5 °C d'ici la fin du siècle ! Mieux vaudra aller prendre le frais sur les côtes…

L'hiver venant, oublié, le ski dans les Vosges, le Jura ou même les Pyrénées. D'ici 2100, le nombre de stations aura fondu. En quarante ans, l'enneigement annuel des Pyrénées a déjà diminué de 2 semaines. Et en 2050, ce seront 2 autres semaines qui seront perdues pour Cauterets. Même chose dans les Alpes où les stations en dessous de 1 800 m ont d'ores et déjà perdu la moitié de leur neige depuis cinquante ans ! Avec une augmentation de 2 °C, les Alpes du Nord perdraient environ 1 mois d'enneigement sur les 5 qu'elles connaissent aujourd'hui. Une station comme Avoriaz, qui recevait 13 ou 14 m de neige en cumulé tout au long de l'hiver dans les années 1970 n'en reçoit plus aujourd'hui que 6 ou 7. Et l'on peut raisonnablement prévoir qu'en 2050 plus aucune station en dessous de 1 500 m ne pourra vivre du ski si elle n'a pas de possibilité d'extension en altitude. Prendre un billet d'avion pour aller skier en Autriche ou en Allemagne ne donnera pas plus de chance de pratiquer notre sport favori. Avec une saison plus courte et la nécessité toujours plus impérieuse de monter ses équipements plus haut, l'Allemagne risque de perdre jusqu'à 60 % de ses possibilités dans les Alpes bavaroises.

Les alpinistes et autres amateurs de haute montagne ne seront pas mieux lotis. Dans les Alpes, la Mer de glace au-dessus de Chamonix a déjà reculé de 120 m depuis cent ans environ, et les glaciers des Pyrénées ont rétréci de 85 % depuis 1850. D'ici 2050, ils pourraient bien avoir complètement fondu… Alors, bien sûr, vous pourrez vous rabattre sur d'autres sommets mais il faudra faire vite. Le Parc international de la paix Waterton-Glacier, situé aux confins du Canada et des États-Unis, risque lui aussi de perdre bientôt ses derniers géants de glace, et même les glaciers du Tibet, dans l'imposante chaîne de l'Himalaya, pourraient, selon les scientifiques, avoir en partie disparu d'ici 2100.

Un certain nombre de destinations touristiques dépendantes de ressources du terroir devraient, elles aussi, être impactées par le changement climatique. En bien ou en mal. Beaucoup d'incertitudes demeurent sur ce sujet. Que deviendront les « routes des vins » en Bourgogne ou dans le Bordelais si les cépages ou les méthodes de production ont changé ? Si l'on se base sur la raréfaction de la truffe, qui n'a pas ruiné la réputation gastronomique du Périgord, on peut espérer que le changement climatique n'atteindra pas trop le prestige des régions viticoles. Par ailleurs, qu'en sera-t-il des séjours naturalistes axés sur l'observation des espèces, des oiseaux et de leurs routes de migration, totalement perturbées, ou de la pêche de loisir en eau douce et des populations de salmonidés ?

Certains effets positifs du changement climatique devraient en revanche mettre en lumière de nouvelles régions. L'augmentation de palmiers dans une bonne partie sud de la France et la recrudescence des poissons tropicaux en Méditerranée devraient faire naître un nouvel engouement pour des spots de plongée sous-marine où l'on observe une progression notable de la faune. Retour des mérous, des tortues marines, des barracudas et même des requins… Une maigre consolation au regard de certaines destinations plus lointaines, gravement menacées.

Des terres en voie d'extinction

Les petites îles et les zones côtières à faible altitude ont peu de chances de s'en sortir. C'est le cas de l'archipel des Maldives, ces fameuses îles tropicales aux couleurs du paradis, bien connues pour leurs plages de sable blanc. Avec 80 % de son territoire à seulement 1 m au-dessus du niveau de la mer, ce confetti dans l'océan Indien est d'ores déjà programmé pour être englouti avant la fin du XXIe siècle. Sonnera alors le glas de l'une des destinations touristiques les plus prisées au monde, avec quelque 600 000 à 800 000 touristes qui s'y pressent chaque année… Outre la perte de ce lieu, la mort de l'archipel entraînera avec elle l'émigration de ses 380 000 habitants, une goutte d'eau parmi les 200 millions de migrants climatiques que prévoit la Banque mondiale à l'horizon 2050.

Les Maldives ne sont pas les seules menacées. D'autres destinations paradisiaques pourraient disparaître avant que vous n'ayez eu le temps de vous y rendre. L'archipel de Tuvalu, Kiribati, les Bahamas, la Barbade, le Cap-Vert, Fidji, ils sont plus de 43 pays à avoir créé une alliance, dénommée l'Aosis (Alliance Of Small Island States), pour tirer la sonnette d'alarme et peser sur les grandes conférences internationales. Tous ont en commun de devoir lutter contre l'inexorable montée des eaux qui prévoit, selon les scénarios, une élévation de 26 à 82 cm d'ici 2100. Or la plupart de ces îles ne culminent qu'à 5 m de hauteur avec des bandes côtières à 50 cm en moyenne au-dessus du niveau de la mer...

Réputées pour leur beauté, la plupart de ces îles sont également prisées pour leurs massifs coralliens. Eux aussi en voie de disparition. Il y a plusieurs années, ces coraux ont commencé à blanchir sous l'effet de l'augmentation de la température des mers. Agressés par l'acidification des océans et la chaleur de l'eau trop élevée, ces coraux expulsent hors d'eux les petites algues qui les alimentent et finissent par mourir. Un véritable piège qui les incite à une sorte de suicide programmé.

La moitié des coraux des récifs des Caraïbes, par exemple, ont disparu depuis 2005 à cause de leur blanchissement et la situation ne peut qu'empirer. Avec une augmentation de seulement 3 °C, la moitié des récifs de corail du monde disparaîtrait, et avec elle les myriades de poissons féeriques et autres animaux marins aux couleurs vives qui y ont leur habitat. Cette mort progressive explique en partie la désaffection touristique qui commence déjà à s'opérer. Les récifs mythiques du Parc national de Bali Barat, visités par plus de 20 000 touristes en 2000, n'en attiraient déjà plus que 3 100 en 2007.

Les îles ne sont pas les seules menacées et bon nombre de zones basses où nous aimions aller risquent fort de ne plus être inscrites au catalogue des vendeurs de voyages si nous ne faisions rien. C'est le cas de Manhattan, qui pourrait être submergée, ou du centre historique de Venise, l'une des destinations touristiques les plus fréquentées au monde... On le savait déjà. Venise, la ville des amoureux et des gondoles, s'enfonçait lentement à raison de 20 cm tous les cent ans. Mais elle doit désormais faire face à d'autres phénomènes, liés cette fois au changement climatique. Chaque hiver, depuis une cinquantaine d'années, les habitants subissent des inondations, une sorte de marée d'une amplitude exceptionnelle qui vient s'engouffrer par les trois passes de la lagune puis redisparaît en quelques heures. Le problème est que le phénomène a tendance à s'amplifier à chaque fois et à devenir de plus en plus fréquent. Aujourd'hui, on peut comptabiliser jusqu'à 50 inondations par an ! Ce type d'événement ne fera que s'intensifier avec l'élévation du niveau de la mer.

D'autres lieux mythiques pourraient aussi faire les frais du réchauffement. Notamment Bangkok. La ville a déjà sombré dans ses souterrains trop mous à cause du poids de son urbanisation et du pompage excessif des eaux

SOS corail !

C'est sans doute l'une des plus belles merveilles de la Nature. Et c'est la raison pour laquelle la barrière de corail a été classée au patrimoine mondial de l'humanité.

Visibles depuis l'espace, ces récifs coralliens qui s'étendent sur plus de 2 000 km de long, ont pour certains plus de 5 000 ans d'existence ! Difficile de trouver sur terre ou sous la mer un univers vivant aussi riche en biodiversité, à la fois refuge, nourriture et protection d'un nombre incalculable d'espèces végétales et animales.

Or, aujourd'hui, ces récifs sont en train de mourir ! Il s'agit non seulement d'une catastrophe écologique sans précédent mais aussi d'une catastrophe économique. Entre le tourisme et la pêche, l'Australie, par exemple, tire chaque année 3,6 milliards d'euros de ce que lui rapporte sa barrière de corail...

Même constat pour des pays comme l'Indonésie, les Philippines, la Malaisie, la Papouasie-Nouvelle-Guinée, les îles Salomon et Timor-Leste.

Au total, ce sont plus de 100 millions de personnes qui vivent grâce à la pêche et au tourisme drainé par ce corail...

souterraines. Désormais, ce sont des inondations d'une violence inouïe, lors des moussons, qui pourraient bien précipiter la ville sous l'eau avant 2100. Big Sur, l'un des plus beaux paysages d'Amérique du Nord entre Los Angeles et San Francisco, et certaines stations balnéaires mythiques de Californie comme Venice Beach ou la célèbre plage de Malibu pourraient, elles aussi, n'être que de lointains souvenirs des épisodes de *Dallas* ! Les tempêtes successives et l'érosion inexorable sont en train de grignoter les plages.

Cette érosion qui devrait s'accélérer au cours du prochain siècle menace aujourd'hui les écosystèmes, réduit la capacité des littoraux à résister aux tempêtes, freine le tourisme et limite les activités de loisirs. Une catastrophe économique programmée pour la région. Venice Beach, célèbre pour ses boutiques de marijuana médicale, ses pistes de skateboard et ses clubs de fitness à ciel ouvert, pourrait perdre jusqu'à 440 millions de dollars de revenus touristiques si l'océan devait monter de 1 m. Quant à la commune de Malibu, ce serait pour elle une perte sèche de 500 millions de dollars.

Plus problématique, le changement climatique affecte aussi bon nombre de pays où le tourisme contribue grandement à la richesse… Les neiges du Kilimandjaro ne seront bientôt plus, elles aussi, qu'un excellent bouquin d'Ernest Hemingway. Dès 2020, estiment les scientifiques, il n'y aura plus un seul fragment de glace en haut de ce mont mythique de Tanzanie. Même chose au Kenya où le lac Nakuru, connu pour ses immenses populations d'oiseaux, commence à manquer d'eau. Si le déficit devait encore se creuser, ce serait la fin de la carte postale, et de la manne touristique du même coup. Le désert avançant, les forêts reculant, c'est aussi tout l'habitat de la faune et de la flore sauvage qui se trouve perturbé. Certains pays d'Afrique connaissent déjà une baisse spectaculaire du nombre de lions, d'éléphants et de rhinocéros (et, en conséquence, une baisse du tourisme de safari). Enfin, que dire de toutes ces destinations, qui sans être forcément des phares touristiques, recevaient tout de même leur lot de tourisme culturel ? Calcutta, le Bangladesh, les deltas du Mékong et du Nil : autant de basses terres émergées menacées d'inondations côtières…

Repenser nos vacances

Alors, comment réagira l'*Homo climaticus* de 2050 ? Sans doute se détournera-t-il des régions tropicales qu'il affectionne aujourd'hui pour aller vers des latitudes plus septentrionales ou des altitudes plus élevées en montagne. Ce faisant, c'est toute la manne du tourisme qui risque d'échapper à bon nombre de pays pauvres. Car le tourisme est aussi l'un des meilleurs moyens connus de redistribuer les richesses entre pays nantis et pays démunis, zones urbaines et zones rurales, Nord et Sud. Outre la protection des centres d'intérêt naturel et du patrimoine culturel mondial qu'il permet, il représente pour de nombreux pays en développement une rentrée vitale d'argent, un formidable potentiel d'emploi et de lutte contre la misère. Pour 46 des 50 pays les pays les moins avancés, il est même la principale source de devises. C'est aussi cela, la double peine du réchauffement climatique…

Cependant, le changement climatique ne fera pas que des perdants. Certains pays pourraient bien se frotter les mains, comme le Royaume-Uni, le Canada ou la Fédération de Russie, qui vont voir leur saison d'été allongée. Bientôt libéré des glaces 60 jours par an au lieu de 30 actuellement, le passage du Nord-Est pourrait entrer au catalogue des circuits touristiques insolites et devenir la nouvelle destination branchée des amateurs de terres vierges. D'autant que, le sous-sol de l'Arctique regorgeant de ressources naturelles (le service géologique des États-Unis estime que 25 % des réserves mondiales en hydrocarbures se trouvent actuellement sous la banquise, ainsi que des réserves en or, diamant, manganèse et nickel), la fonte inexorable des glaces semble ouvrir aux convoitises universelles les portes d'une nouvelle caverne d'Ali Baba…

L'accessibilité de ces nouveaux territoires ne doit pas faire oublier que, si le tourisme est victime du réchauffement climatique, il en est aussi responsable. En France, il est l'origine de 8 à 10 % des émissions de gaz à effet de serre, dont 95 % reviennent à l'avion. Au niveau mondial, le nombre de touristes, évalué à 924 millions en 2008 par l'Organisation mondiale du tourisme, devrait passer à 1 milliard et demi en 2020 (contre 25 millions en 1950), avec une croissance de 4 % par an dans les dix prochaines années !

Dès lors, comment faire pour réduire l'empreinte écologique de ce secteur[67] (transport aérien, hébergements, etc.) sans pénaliser le développement des pays émergents ? Comment inventer de nouvelles destinations sans carbone et adapter celles qui existent au changement climatique ? Tout le domaine de l'offre touristique doit innover en même temps que notre mode de consommation des déplacements doit changer. Mais peut-être en sera-t-il déjà ainsi pour bon nombre d'entre nous en 2050 ? Sans doute la majorité d'entre nous choisira-t-elle ses destinations de vacances en fonction de considérations environnementales, plus proches de son lieu de résidence, plus axées sur le tourisme vert,

---

67 Le tourisme participe aujourd'hui à plus de 6 % des émissions de gaz à effet de serre au niveau mondial.

des lieux accessibles par des moyens de transport moins polluants, comme le train ? Le calcul n'est pas forcément mauvais quand on sait qu'en 2050, en avion, on passera deux fois plus de temps qu'aujourd'hui dans les turbulences...

Les initiatives pour amorcer la mutation ont d'ores et déjà commencé. Du côté des pouvoirs publics, des professionnels du tourisme et des pays ou régions hôtes. À la conférence de Davos en 2007, le Sri Lanka affichait son ambition : « Le Sri Lanka sans émission nette de carbone, poumon de la Terre ». Tributaire des voyages longs pour obtenir des recettes touristiques, ce pays s'engageait à compenser ce handicap en favorisant tout un éventail de mesures en matière d'utilisation des terres, de changement de leur affectation et de foresterie, qui sont autant de facteurs d'émissions de gaz à effet à de serre. Plus près de nous, la baie de Somme a mis en place des solutions très concrètes pour faire de ce territoire naturel une véritable éco-destination et accompagner l'ensemble des professionnels publics et privés du secteur. Et ça marche. La région est déjà capable de proposer des circuits courts pour les restaurateurs approvisionnés en produits locaux exclusivement, et des hôtels économes en énergie.

L'avion contribuant de manière croissante aux émissions de GES, au sein du Giec, les premiers groupes de travail se sont formés en 1999 pour faire un état des lieux de la situation et proposer des actions concrètes. C'est pourquoi des efforts sont constamment demandés à l'industrie aéronautique pour produire des avions toujours moins émetteurs, mettre en place des mécanismes de taxation ou de compensation, jouer sur l'organisation du temps de travail ou des calendriers scolaires pour tenter de réduire la demande... Fini les petits séjours d'une semaine au bout du monde dans des grands hôtels ou des résidences luxueuses avec spa, piscine et sauna. Le voyage idéal du « bon citoyen responsable » de 2050 ressemblera à tout autre chose. Il sera plus long, de l'ordre de trois semaines d'affilée, moins fréquent et avec des moyens de transport plus lents. Avec de telles durées de séjours, pourquoi ne pas redécouvrir les charmes d'un Le Havre-New York en paquebot plutôt qu'en avion, ou les joies d'un Paris-Venise ou même d'un Paris-Istanbul en train ? Certains voyagistes proposent d'ailleurs déjà des Marseille-Tanger uniquement en bateau. Avantages ? Nous aurons le temps, celui de voyager, de voir défiler le paysage, de partir à la rencontre des autres... Rien d'autre

Les Rousses, ou comment sortir du « tout-ski »

La neige n'a pourtant pas manqué à l'hiver 2014 mais, là-bas, tout le monde est prêt depuis déjà quelques années. Face au manque de neige auquel Les Rousses (Jura) seront inévitablement confrontées dans les prochaines décennies, cette jolie station de moyenne montagne qui a envoyé sept champions aux JO de Sotchi a décidé de ne plus miser sur le tout-ski.

La collectivité a refait le balisage des 156 km de sentiers, pour les randonnées estivales. Dans l'ancien fort militaire, elle a installé un parc ludique avec des activités pour tous les âges. Voire pour toutes les faims : le fort propose aussi la visite de l'immense cave d'affinage de comté qu'il abrite.

Pour l'hiver, la station offre des activités de chien de traîneau et raquettes et des animations indoor, comme ce musée qu'elle a consacré à Paul-Émile Victor, explorateur jurassien, qui sera transformé en Espace des mondes polaires en 2015. Ambitieux, ce projet de 8 millions d'euros prévoit la création d'une patinoire-banquise et plus de 700 m² de salles d'exposition dédiées à l'explorateur des pôles, premières parties du monde touchées par le changement climatique.

La dimension environnementale n'a d'ailleurs pas été oubliée. Enfoui à 60 % pour favoriser l'inertie thermique, le bâtiment récupérera aussi les eaux pluviales pour alimenter la glace de la patinoire.

que l'invention du *slow tourism* en quelque sorte, la nouvelle tendance branchée des années 2050 à l'image du *slow food* qui prend lui aussi ses marques.

Nous pourrons également opter pour des concepts de séjours différents. Le Club Med, par exemple, a depuis quelques années mis en place un partenariat avec l'ONG Agrisud dans plusieurs pays comme le Maroc, le Brésil, la Tunisie, Madagascar, le Sénégal ou encore le Mexique pour inciter les agriculteurs locaux à se structurer, et les aider à répondre au mieux à la demande en produits biologiques pour ses villages. Le réseau Ethic Etapes lui aussi a organisé des partenariats avec des agriculteurs biologiques locaux pour favoriser les produits de proximité et de qualité. Certains hébergements ont, quant à eux, opté pour des systèmes d'étiquetage environnemental permettant d'afficher leur engagement sur différents critères concernant l'eau, l'énergie, les émissions de CO_2 ou l'approvisionnement alimentaire de leur établissement.

Et pourquoi ne pas nous laisser tenter par toutes ces formules de vacances qui fleuriront sur nos murs et dans nos catalogues à l'initiative des autorités publiques ? Le tourisme itinérant à vélo en est une particulièrement appuyée car il présente trois avantages incontestables. Il s'accompagne dans la majorité des cas d'un usage important du train pour l'accès aux destinations, il peut se dérouler sur une saison étendue, d'avril à octobre, et il génère une activité économique importante pour toutes les régions traversées. Une option qui a tout bon ! Et si on aime la montagne, pourquoi ne pas aller faire un tour du côté de toutes ces stations qui, anticipant les décennies à venir, ont déjà misé sur la diversification de leurs offres d'été ? Randonnées, water jump, golf, parapente, bikepark, sports indoor, acroland, petites et grandes stations rivalisent d'imagination pour séduire et fidéliser une nouvelle clientèle.

Les autres formules sur la rampe de lancement sont le ski nordique et le ski de randonnée. Face aux problèmes que vont bientôt rencontrer bon nombre de stations, les professionnels et le ministère du Tourisme ont décidé de miser sur une nouvelle image de marque. Plus que le ski alpin, le ski nordique est un « sport complet aussi bien pour le physique que pour le mental, qui procure une impression de dépassement de soi, de bien-être, de découverte d'horizons naturels et de grands espaces en harmonie avec l'environnement et la biodiversité ». Un *slow sport*, en somme…

Dans le domaine des loisirs et du tourisme, un renversement complet de l'imaginaire se sera opéré. Comme pour tout le reste, l'important est de nous y prendre maintenant !

MES TRANSPORTS

Demain n'a plus rien à voir avec aujourd'hui. Adieu la grosse cylindrée et l'avion toxique pour l'environnement, place au vélo et au néo-TGV ultraléger qui permet de relier Paris à Lyon à la vitesse de 400 km/h. Le rail a enfin pris sa revanche sur la route. En ville, les transports en commun électriques sont plus nombreux que les autos à moteur thermique. Quant à la voiture, elle est 100 % électrique, libérée de la recharge de ses batteries grâce à des bobines intégrées dans l'asphalte qui lui permettent de se recharger en roulant. Fini les problèmes d'autonomie et les prix forts du carburant.

Vous pensez qu'on est là dans un doux rêve ? Vous avez raison ! Car, disons-le tout net, le secteur des transports est probablement celui qui suscite le plus d'inquiétudes. En France, comme en Europe, les émissions de gaz à effet de serre liées aux transports connaissent depuis des décennies une progression ininterrompue. Responsables de 32 % de ces émissions à l'échelle nationale, dont 92 % dues à la route, les transports représentent le premier secteur émetteur de France, largement en tête devant l'industrie, le résidentiel-tertiaire et l'agriculture. Et encore ! Ce chiffre est sous-évalué car il ne prend pas en compte les émissions dues aux déplacements internationaux en avion (seuls sont comptabilisés ceux au-dessus de la France) ni celles qui sont liées à la construction des véhicules ou à l'extraction et au raffinage des carburants. En cause, la domination écrasante du trafic routier des personnes et des marchandises. Une domination qui n'a fait que s'aggraver au fil des années, comme l'atteste l'accroissement du parc automobile depuis 1990. Et ce constat est sans appel. Nous transportons par la route toujours plus de produits sur de plus longues distances, nous voyageons plus souvent et plus loin. En quarante ans, la demande en transport a quadruplé et le parc automobile en circulation a été estimé au 1er janvier 2014 à plus de 38,2 millions de véhicules, toujours plus lourds et toujours plus puissants. Avec de si tristes records, comment faire pour atteindre notre fameux « facteur 4 » et son louable objectif d'ici 2050 ?

Voitures, camions et avions au banc des accusés

En dépit de son casier judiciaire bien rempli, la voiture représente bien plus qu'une image de « sympathie ». Elle est un objet de fantasme, de puissance et de liberté qui puise ses racines au plus profond de notre culture. Des petites voitures Majorette jusqu'à l'obtention du permis de conduire, vu comme un rituel d'émancipation, la voiture est considérée comme une des clés de notre épanouissement personnel et de notre reconnaissance sociale. Résultat, alors que 50 % des déplacements font moins de 3 km (distance pendant laquelle la voiture est la plus polluante), avec un taux d'occupation moyen de 1,20 passager par véhicule, les partisans de la marche et du vélo sont encore vus comme de gentils babas cool. Non seulement on fait de tout petits trajets très polluants (sur son premier kilomètre, la voiture consomme 50 à 100 % d'essence en plus qu'en vitesse de croisière sur une autoroute) mais en plus on y passe du temps. À Paris et en banlieue, la vitesse moyenne (à cause des embouteillages) est de 17 km/h, soit moins qu'une voiture de poste à la fin du règne de Louis XVI ! Et pourtant, cette dépendance mentale vis-à-vis de l'automobile n'est pas sans un certain nombre de paradoxes. On l'utilise pour aller faire le jogging, rendu nécessaire après l'abandon de la marche et du vélo, ou pour conduire les enfants à l'école et leur éviter ainsi les risques de la circulation.

Cette dépendance n'est pas que mentale. L'éloignement croissant des pôles de vie et d'activités est lui aussi une réalité. Alors que jusqu'à la fin des années 1950, la distance moyenne entre domicile et lieu de travail était de l'ordre de 4 km, elle est passée aujourd'hui à plus de 25 km. De nombreuses personnes sont aujourd'hui tributaires de leur voiture pour se rendre au travail. Sans voiture, pas de travail ! L'étalement exagéré des villes est un autre facteur aggravant. Pour avoir un logement moins cher et une meilleure qualité de vie, beaucoup de ménages font le choix d'habiter en périphérie des villes. Ce faisant, ils se trouvent du même coup souvent dans l'obligation d'avoir un second véhicule et contraints (faute de transport collectif suffisant) de se transformer en taxi pour véhiculer les enfants.

Une aberration qui est aussi la conséquence d'un choix politique. En imposant ainsi le recours à l'automobile, l'étalement des villes (et le manque simultané de modes de déplacement alternatifs) a alimenté une dépendance lourde de conséquences économique (la mort du petit commerce de proximité), sociale (la hausse des dépenses de transport) et environnementales.

Quant aux loisirs, ils ont fait exploser tous les compteurs ! Week-end et vacances sont devenus synonymes de transhumances automobiles massives ou de décollages démultipliés de charters vers des destinations lointaines, du fait des nombreuses offres de séjours courts à bas prix.

Une économie reposant sur le transport routier

Le transport routier n'est pas plus innocent. Depuis 1980, le nombre de camions sur les routes a plus que quintuplé et certains axes comme la vallée du Rhône sont de véritables murs de camions ininterrompus. Cette ère du camion triomphant est le parfait reflet de la mondialisation et de la recherche systématique du moindre coût. Le prix de la main-d'œuvre étant toujours plus cher que le coût du transport, certains produits font le tour du monde. C'est le cas de ces chaussures de sport allemandes acheminées au Portugal pour que des « petites mains » portugaises (moins chères que les allemandes) enfilent les lacets dans les œillets, ou de ces crevettes pêchées au Danemark qui vont aller se faire décortiquer au Maroc avant d'être revendues en Europe ! Et de combien d'autres encore...

Cette recherche systématique du moindre coût conduit aussi à ne pas s'encombrer de produits qu'on ne vendra pas immédiatement. Pourquoi gérer des stocks qu'il va falloir entreposer, protéger, manutentionner et qui

La grande saga d'un yaourt à la fraise

L'étude a fait le tour du monde. Paru en 1993, ce rapport publié par un institut allemand a créé l'événement et frappé les consciences. Axé sur la fabrication d'un simple yaourt à la fraise produit par une entreprise de Stuttgart, il mettait en lumière l'importance des transports dans le contexte d'un produit de consommation courante soumis à de multiples sous-traitances. Entre l'approvisionnement en fraises, sucre, lait, récipient en verre et couvercle en aluminium, le pot de yaourt qui arrivait enfin dans le supermarché avait nécessité à lui tout seul plus de 1 000 km de déplacement, soit plus de 400 litres de gasoil... Sans même parler des énergies qui avaient été nécessaires à la production des fraises ou du couvercle en alu, des machines ayant permis la production finale, du transport des salariés venus travailler à l'usine ou du consommateur arrivant en voiture pour acheter ce beau yaourt chargé d'histoire.
Une aberration qui a beaucoup choqué les esprits sans... rien changer pour autant !

coûtent cher alors qu'un camion traverse l'Europe en trois jours ? La seule chose importante aujourd'hui est que les produits parviennent à destination « juste à temps », chaque sous-traitant en amont se démenant comme il peut pour expédier les pièces d'horizons géographiques éloignés. Cette double politique du « juste-à-temps » et du « zéro stock » se traduit du même coup par une noria infernale de camions dont le chargement est rarement optimisé. En 1995, le chargement moyen d'un poids lourds articulé (le plus mastodonte des camions) atteignait péniblement les 12 tonnes, soit moins de la moitié de la capacité disponible. Une charge pourtant plus que convenable au regard de tous ces véhicules qui circulent à vide et représentent... un camion sur quatre !

À partir de là, rien d'étonnant à ce que certains axes comme la vallée du Rhône, le franchissement des Pyrénées ou les vallées alpines connaissent un flot continuel de poids lourds à la cadence d'un camion toutes les 10 secondes ! Sous le seul mont Blanc, le nombre de camions est passé de 40 000 par an en 1966 (au moment de l'ouverture du tunnel) à 800 000 en 2000. Et l'on ne voit pas pourquoi cela pourrait changer quand on sait que le coût de transport d'une bouteille de champagne ne représente pour le consommateur que 0,25 % de son prix…

La nécessaire révolution des transports

Et pourtant, les « signaux faibles » d'une hypothétique révolution sont là. Certes timides, ils préfigurent ce que pourrait être notre monde du transport en 2050. Quoi qu'il en soit, ils résultent tous d'un constat : la situation n'est pas tenable au regard des projections de mise en circulation des véhicules légers dans le monde. Aujourd'hui de 800 millions, le nombre de véhicules pourrait bien doubler d'ici 2035 et atteindre 2,5 milliards en 2050. Un chiffre suffisamment alarmant pour nous contraindre, à terme, à trouver des ressources alternatives, à innover et perfectionner toujours plus les moteurs thermiques existants… Une véritable course contre la montre dans laquelle se sont engagés bon nombre de laboratoires et de services R&D des constructeurs automobiles mondiaux.

Stable jusqu'en 2030, la courbe des émissions du transport pourrait bien s'infléchir à partir de cette date. C'est en tout cas ce que prévoit la Commission européenne dans son livre blanc publié en 2011. Ce nouveau document vise à « mettre en place un système de transport compétitif qui favorisera la mobilité tout en réduisant la dépendance de l'Europe à l'égard des importations de pétrole et en faisant baisser de 60 % les émissions de carbone liées aux transports d'ici 2050 ». Comment ? En supprimant les véhicules à carburant traditionnel dans les villes, en portant à 40 % la part des carburants à faible teneur en carbone (il s'agit surtout de biocarburants) dans l'aviation et en réduisant d'au moins 40 % les émissions dues au transport maritime. Enfin en s'assurant que 50 % du transport routier de passagers et de fret sur moyenne distance s'effectue par voie ferrée et par voie navigable. Un ensemble de mesures qui pourraient être possibles grâce à l'injection de 1 500 milliards d'euros entre 2010 et 2030 (récoltés en partie grâce au principe du pollueur-payeur). Alors, vœux pieux ou objectif réaliste ?

À quoi carburerons-nous en 2050 ?

La voiture traditionnelle sera différente, déclinée sous de multiples formes, mais elle sera toujours là, marquée par une meilleure efficacité énergétique et une amélioration des performances de 30 à 50 % par rapport à 2010. Aujourd'hui trop lourde, trop puissante pour le peu de kilomètres qu'elle avale chaque jour en moyenne, la voiture à moteur thermique de 2050 sera plus petite, améliorée au niveau de son moteur (pour optimiser la consommation de carburant), de son aérodynamisme, de son poids, de sa résistance au roulement ou de sa récupération de l'énergie au freinage. Par contre, peu de chances qu'on ait fait aboutir ces multiples idées qui fleurissent aujourd'hui comme autant de solutions miracles, à l'image du piège à CO_2 à base d'algues à la sortie du pot d'échappement !

Gageons alors que l'essentiel des progrès sera fait ailleurs. Dans l'économie de tout ce qui encombre aujourd'hui nos voitures comme équipements embarqués, à commencer par les systèmes de guidage qui alourdissent le poids de la voiture, donc sa consommation de carburant. Mais en ce qui concerne la climatisation, avec le réchauffement climatique, les consommateurs auront probablement de moins de moins le choix d'y échapper et l'ensemble du parc français en sera équipé[68].

Faute d'avoir le choix, nous nous tournerons peut-être vers ces alternatives qui auront désormais fait leurs preuves. Ce sera le cas des voitures hybrides dont la technologie, totalement banalisée en 2050, associera en tandem deux moteurs, l'un classique (essence ou diesel), l'autre électrique. Encore isolée en 2010, la petite Toyota Prius aura fait des petits, désormais accessibles à toutes les bourses. En 2050, l'hybride concernera les modèles les plus courants, y compris les citadines. Et c'est assurément là qu'elle sera imbattable. Le principe reposant sur la seule consommation d'électricité tant que la puissance demandée est faible, la plupart des propriétaires de voitures hybrides parviendront désormais à faire rouler leur auto en ville sans que jamais le moteur thermique ne s'allume. Une prouesse appréciée par la planète.

D'autres opteront pour le tout-électrique, l'hydrogène « vert » (un courant électrique issu d'énergies renouvelables solaire et éolien stockées sous forme d hydrogène), les carburants de synthèse, le gaz comprimé ou la voiture propulsée au biométhane, à partir de plantes entières réduites en sucre, ou encore d'algues[69].

Tous ces véhicules zéro émission (ou presque), améliorés à grands coups de R&D, s'insèrent désormais dans des villes où les codes ont progressivement changé. Car la voiture de 2050 n'est pas qu'affaire de technologie.

---

68 L'Ademe estime en effet que 9/10ᵉ du parc automobile sera équipé en 2020.
69 Deux des agrocarburants de 2ᵉ ou 3ᵉ génération, actuellement les plus prometteurs pour l'environnement et par leur bilan énergétique.

Elle correspond désormais à un réel changement de comportement des consommateurs, à de nouveaux investissements et à un redéveloppement urbain manifeste. Plus denses, plus intelligemment conçues, les villes ont permis de rapprocher progressivement logements, emplois, loisirs, commerces, et de limiter ainsi les déplacements. La plupart des grandes agglomérations de France ont désormais réhabilité le tramway qu'elles avaient presque toutes supprimé après-guerre. Au total, c'est presque une centaine de villes françaises qui ont opté pour des trams nouvelle génération munis de volants d'inertie, des masses en rotation permanente qui entraînent les roues après coupure du courant (comme cela existe déjà à Nice) ou alimentés par le sol (comme à Bordeaux). Ces tramways à induction, qui « biberonnent » leur courant électrique en quelques secondes à chaque arrêt en station (juste de quoi aller d'une station à l'autre), sont désormais libérés de toute caténaire. Arrivé au terminus, le convoi recharge ses batteries à 100 % en moins de 10 minutes. Équipés de la sorte, ces tramways par induction peuvent également s'engouffrer dans les tunnels des métros ou rejoindre les lignes de chemin de fer pour les dessertes en grande banlieue en se connectant au réseau électrique traditionnel. Autant de délestage bienvenu pour le trafic routier.

D'autres modes de transport sont aussi accessibles, et l'habitant urbain a désormais l'embarras du choix entre métro, RER, navettes spécifiques et « bus à haut niveau de service » (c'est-à-dire plus fréquents, plus confortables, plus rapides et plus réguliers). Certains ont même été conçus pour pouvoir accueillir bagages, vélos et trottinettes. Grâce aux nouvelles technologies de communication, tous ces modes de transport sont désormais coordonnés en réseau. D'un clic sur leur smartphone, les usagers peuvent connaître le trajet le plus court, le plus rapide et le moins cher, la possibilité d'utiliser tel ou tel bus, ou celle de ne pas changer de rame lors d'un trajet combinant tram et train fonctionnant sur le même réseau. Une prouesse rendue possible par la nouvelle génération de logiciels capable de gérer toutes les combinaisons de voyages possibles, à l'image d'un aiguilleur du ciel dans l'aérien. Le vélo a été remis à l'honneur et certaines villes françaises commencent à ressembler à Amsterdam avec leurs nuées de cyclistes s'élançant au feu vert. Pour cela, des kilomètres de pistes cyclables ont été pris sur la route et des bornes de location parsèment la ville à tous les points stratégiques.

Tous ces moyens de transport alternatifs sont d'autant plus efficaces que la voiture à essence a clairement été mise au pilori. Tout est fait pour dissuader de la prendre, en ville tout au moins. On a construit des parkings à l'entrée des agglomérations, rehaussé le prix des places de stationnement et facilité les liaisons *intra muros*, institué des péages à l'entrée de certaines villes à l'instar de Londres et multiplié le concept de « taxi à la demande » pour acheminer les personnes qui habitent en couronne périurbaine. La voiture électrique, qui bénéficie désormais d'une autonomie de 200 à 300 km grâce au développement de nouvelles batteries, est proposée à la location dans tous les points stratégiques sous la forme d'Autolib, véritable libre-service de l'auto décarbonée, et l'on voit même des vélos « porteurs » électriques pour les citadins qui ont besoin de transporter des documents, des valises, des outils ou des petits colis.

Tolérée sur route pour de longues ou moyennes distances, la voiture à moteur thermique a elle aussi pris un sérieux coup dans l'aile. De nombreux constructeurs ont accepté de brider leurs moteurs, les limitations de vitesse ont encore chuté de quelques dizaines de kilomètres/heure et un bonus-malus pénalise désormais l'achat de véhicules fortement émetteurs. Quant au covoiturage et aux voitures à occupation multiple, ils sont désormais totalement rentrés dans les mœurs. Des voies de circulation leur sont spécialement réservées sur les autoroutes et le prix des péages est fonction du nombre de passagers dans la voiture. L'auto partage participe du même principe. Une société de services met à disposition des voitures pour une courte durée (une heure ou plus). Que ce soit au coup par coup ou en formule « abonné », on a l'assurance d'avoir une voiture à disposition quand on veut et pour un temps déterminé. D'un clic sur son smartphone, on peut réserver une voiture, voir s'il y en a une disponible à proximité immédiate, si le trafic routier est surchargé… Déjà perceptibles au début du XXIe siècle[70], ces signaux faibles de changement se sont affirmés en quelques décennies. La voiture solo est un concept de plus en plus dépassé au profit de la notion de « bien partagé ».

Les nouveaux modes d'organisation du travail aident également à fluidifier le trafic et à économiser la voiture. Entre le recours accru au télétravail, les espaces de « coworking » ou la mise en place d'horaires d'embauche décalés, les populations urbaines ont nettement moins de raisons de se déplacer. Un nombre croissant d'entreprises privées et publiques de plus de 200 salariés ont d'ailleurs mis en place des « plans de déplacement d'entreprises ». Véritables empêcheurs de polluer en rond, ces plans en auraient énervé plus d'un encore en 2015 ! Fini les parkings à perte de vue au bas de votre lieu de travail, les places sont

---

70 En 2015, plus de 200 services de covoiturage existent, 24 villes disposent d'un service d'auto partage (Paris par exemple compte près de 90 stations d'auto partage) et une trentaine de villes ont d'ores et déjà développé un système de vélos en libre-service.

désormais limitées, au motif que des lignes de bus ont été spécialement créées pour desservir votre entreprise. Place au parking à vélos sécurisés et aux vélos à disposition, empruntables au pied de l'entreprise, aux vestiaires avec douches dès l'entrée du hall, à la distribution gratuite de tickets de bus-métro-tramway pour les déplacements professionnels et aux primes au déménagement pour habiter plus près de son lieu de travail. Certaines entreprises n'hésitent pas à proposer des logements sur site ou à proximité et même à rembourser les frais de déménagement en cas de rapprochement volontaire ! Peu nombreuses encore au début du siècle, elles sont désormais des centaines à avoir rendu ces mesures obligatoires. L'ensemble de ces mesures a permis d'atteindre un résultat relativement satisfaisant. Le covoiturage compte jusqu'à 30 % des flux urbains, le flux de voyageurs en transports collectifs a été doublé par rapport à 2015 et les deux-roues ont été multipliés par quatre. Quant au parc automobile, il est passé de plus de 38 millions à 22 millions de véhicules dont un tiers seulement est à énergie thermique. Avouons que nous y aurons vraiment mis du nôtre…

La revanche du rail

Non, ce n'est pas un titre de western. Car c'est probablement le paysage le plus plausible de nos transports en 2050. Après la voiture thermique, parions en effet que la plupart des autres moyens de transport auront, eux aussi, subi une cure d'amaigrissement. Grands projets autoroutiers ou aéroportuaires auront probablement été mis en veilleuse au bénéfice du rail et des voies d'eau, auxquelles le gouvernement fait enfin la part belle. Grande star des projets phares du Grenelle I votés en 2008, le train voit ses objectifs revus à la hausse.

Côté fret, le rail sera devenu le moyen de transport numéro 1 de nos marchandises. Incapable d'être absorbée par la route, la hausse continue des biens commerciaux passe désormais par des opérateurs ferroviaires installés à proximité des ports pour faciliter la mise en rail des marchandises. Hissés sur des porte-containers côtiers, les camions prennent désormais la mer. De véritables autoroutes des mers en direction de l'Espagne et du Portugal ont en effet réhabilité bon nombre de ports mis à mal au début du XXIe siècle et permis de faire l'économie de près de 100 000 camions sur les routes. Des ports comme Nantes, Le Havre, Dunkerque, Brest ou Marseille ont retrouvé de leur splendeur maritime passée avec une suractivité axée autour de terminaux multimodaux de marchandises (route, fer, mer).

Les voyageurs sont également bichonnés. Avec plus de 26 nouvelles lignes depuis 2040, dont 2 000 km de lignes à grande vitesse, bon nombre de destinations se sont rapprochées entre elles. On peut désormais remonter la côte atlantique à grande vitesse de Toulouse à Tours, relier Dijon à Mulhouse, faire Paris-Toulouse en moins de quatre heures, Lyon-Rennes en trois heures ou gagner la Bretagne ou le Pays basque en un temps record. Reste que, faute d'engagement financier suffisant de l'État[71], la plupart de ces grands projets auront nécessité que bon nombre de collectivités mettent la main au portefeuille. Mais toutes les grandes villes françaises de plus de 300 000 habitants seront désormais reliées entre elles par des lignes à grande vitesse, rendant du même coup l'avion, inutile… du moins pour les déplacements dans l'Hexagone.

---

71 L'État s'est engagé à investir 106 milliards d'euros d'ici 2040 pour construire de nouvelles lignes ferroviaires, une somme astronomique mais encore insuffisante.

Réservé désormais aux longs trajets, l'avion a lui aussi serré les boulons en termes d'émissions. Il faut dire qu'il n'a pas eu le choix. En 2008, à l'issue du Grenelle de l'environnement, les principaux acteurs du secteur, Aéroports de Paris, KLM ou Air France, se sont engagés auprès de l'État à réduire de 50 % leurs émissions carbone par passager d'ici 2020. Un engagement vital d'autant plus contraint qu'il a un coût. Rescapée pendant des années du marché carbone, l'aviation européenne doit désormais payer son « droit à polluer » en rachetant des quotas d'émissions auprès d'entreprises environnementales vertueuses. Quoique la mise en œuvre de cette politique de droit d'émissions se soit révélée plus difficile que prévu, ce surcoût, allié à une facture de carburant toujours plus salée, a obligé l'aviation civile à faire des économies partout où elle le pouvait. Modification des procédures de vol, meilleur calcul des trajectoires, allégement de la masse embarquée, incorporation de biocarburants… et dissuasion tarifaire du transport des passagers sur de trop courtes distances.

Considérée comme presque insurmontable au début du siècle, la révolution des transports sera probablement déjà bien en marche en 2050. En ville, 30 % des déplacements se feront désormais en véhicules partagés, 20 % en véhicules individuels, 25 % en transports collectifs, 15 % en vélo et 10 % en deux-roues motorisés[72]. Côté voitures, gageons que l'installation de bornes de rechargement électrique aura été généralisée et que les batteries auront fait un boom dans leur capacité de stockage. Malgré cela, 40 % des voitures seront encore thermiques, 20 % électriques (c'est toujours mieux, on est à 0,7 % en 2015 !) et 40 % seront

---

72 Étude prospective de l'Ademe effectuée en 2013 sur l'énergie française en 2030 et en 2050.

hybrides, du micro-hybride au full-hybride, la meilleure solution entre le tout-thermique et le tout-électrique[73].

Bien sûr, de nombreux modes de vie coexistent encore en fonction de la localisation du logement, des revenus, de la typologie de chaque foyer et de sa moyenne d'âge mais la tendance lourde est là. Plus qu'une simple histoire de technologies (toujours plus performantes et plus propres), la révolution des transports est surtout affaire de mentalités. Et c'est essentiellement sur le rapport à la voiture qu'elle aura porté. L'homme du milieu du xxie siècle aura probablement appris à préférer l'usage facile de la voiture à sa possession et se sera adapté à toutes les formes d'auto partage (covoiturage, propriété partagée, location de véhicules en libre-service, etc.). La révolution aura moins consisté à réduire les déplacements qu'à les mutualiser pour créer de l'emploi et assurer la qualité de vie au quotidien.

MA VILLE

Voiture et ville, le couple infernal a toujours fait bon ménage puisque les transports vont de pair avec la concentration humaine et surtout l'étalement urbain. Bâtiments et transports forment à eux deux les champions toutes catégories des émissions en gaz à effet de serre. Au niveau mondial, ce sont les deux seuls secteurs à avoir d'ailleurs poursuivi leur hausse continue d'émissions depuis 1990, date référence pour le respect des engagements pris à Kyoto. Aujourd'hui, plus de la moitié des 7 milliards d'habitants de la planète vivent dans les villes. D'ici 2050, près de 70 %

---

73 Projections du Predit, Programme national de recherche et d'innovation dans les transports terrestres de 2011.

de la population mondiale vivra en ville[74]. Quand on sait que ces villes consomment les trois quarts de l'énergie produite par la planète et émettent 80 % du CO_2 d'origine anthropique[75], alors même qu'elles ne représentent que 2 % de la surface des continents, on peut imaginer la place écrasante que prendront les mégalopoles à la fin du siècle ! Certaines devraient compter jusqu'à 30 millions d'habitants à elles toutes seules ! C'est d'ailleurs déjà le cas de Tokyo avec ses 42 millions d'habitants, et de Jakarta et ses 30 millions ! Pas difficile d'imaginer, dès lors, tous les enjeux cruciaux qu'une telle concentration posera inévitablement pour les générations à venir. Surpopulation, difficulté d'approvisionnement en eau potable, pénurie de logements, mauvaise gestion des déchets, pollution de l'air, sécurité, énergie… Face à de tels constats, il est clair que les États comme les collectivités territoriales et les entreprises vont devoir investir des sommes colossales, non seulement pour réaliser ou moderniser les indispensables infrastructures physiques, mais également pour concevoir et mettre en place une multitude de réseaux interactifs permettant une gestion intelligente, réactive et efficiente de ces mégalopoles tentaculaires.

Inventer la ville de demain est le grand chantier d'aujourd'hui

Fermes verticales, promenades flottantes, éco-quartiers, voitures électriques… Aujourd'hui, urbanistes, architectes mais aussi prospectivistes, scientifiques, économistes,

---

74 À titre comparatif, 30 % de la population mondiale vivait en ville dans les années 1950. « United Nations Department of Economic and Social Affairs/Population, World Urbanization Prospects : the 2007 Revision ».
75 Parmi lesquels les transports, les activités tertiaires, les bâtiments, l'industrie et la gestion des déchets.

ingénieurs des ponts et chaussées, sociologues, philosophes et politiques rivalisent d'imagination pour tenter d'inventer notre futur et adapter la ville à un événement aussi multiforme que le changement climatique. Car le taux de renouvellement du parc immobilier n'étant que de 1 % par an, l'essentiel de ce qu'on verra en 2050 est déjà là. Ce qui veut dire qu'à cette date, seul un tiers du stock du bâti aura été renouvelé. C'est aussi cela, la difficulté à laquelle nous sommes confrontés. Car, qu'elles aient été construites il y a longtemps ou plus récemment, la plupart des villes n'ont jamais envisagé l'hypothèse d'avoir un jour les pieds dans l'eau, des pluies diluviennes à absorber ou des chaleurs extrêmes à supporter. Sous l'effet de la canicule, la ville, on le sait, se transforme en véritable « îlot de chaleur », un phénomène bien connu des météorologues. Lorsque le soleil tape, il vient réchauffer les matériaux de construction mais aussi le bitume qui emmagasine cette chaleur de la journée pour la restituer le soir. La pollution des automobiles et le manque d'arbres, associés à la densité des immeubles qui bloquent la circulation de l'air, aux systèmes des climatisations qui recrachent à l'extérieur la chaleur des bâtiments, finissent par créer au-dessus de la ville une véritable chape qui peut stagner tant que les conditions météorologiques ne changent pas. Résultat ? Dans certains endroits de la ville, en particulier l'hyper-centre, la température peut parfois être de 8 °C à 10 °C plus élevée que dans les campagnes environnantes[76]. Adapter les villes aux nouvelles contingences du changement climatique est donc un enjeu majeur.

Au premier rang de cette nécessaire transition, une réduction draconienne de la pollution urbaine et des

---

76 Alors qu'elle retombera à 20 °C vers 5 h du matin en campagne, la chaleur en ville restera à 30 °C à la même heure.

émissions de gaz à effet de serre liées aux transports. Une récente étude européenne[77], réalisée sur neuf métropoles situées dans différents pays de l'Union, a montré que les principaux polluants liés au transport, dont les particules fines, réduisaient de manière significative l'espérance de vie des citadins en cas d'exposition prolongée. Un calcul par extrapolation a permis d'établir qu'en France cette pollution entraîne probablement autour de 15 000 décès anticipés par an. À ces graves conséquences sanitaires et médicales, longtemps sous-estimées, il faut ajouter le coût économique et social collectif considérable lié à la saturation des flux de transports urbains. Une étude du cabinet britannique Center for Economics and Business Research publiée en 2012 a en effet montré que le coût global, direct et indirect, des embouteillages en France (hors coût lié aux dépenses de santé) était de l'ordre de 5,6 milliards d'euros par an, soit plus de 600 euros pour chaque foyer se déplaçant en voiture !

La réduction massive du coût énergétique et environnemental des déplacements urbains passe également par un indispensable réaménagement urbain. Un seul exemple montre à quel point cet aménagement est déterminant pour la facture. Prenons deux villes de population comparable, Barcelone en Espagne et Atlanta aux États-Unis. Barcelone est caractérisée par un tissu urbain très dense, de type méditerranéen, alors qu'Atlanta est une ville tentaculaire, qui s'étale sur une surface 25 fois plus grande que la capitale de la Catalogne. À population égale, la consommation d'énergie par habitant est plus de 10 fois inférieure à Barcelone qu'à Atlanta.

---

77 Smart Cities - Smart Technologies and Infrastructure for Energy, Water, Transportation, Buildings, and Government: Business Drivers, City and Supplier Profiles, Market Analysis and Forecasts (étude publiée par Navigant Research en juillet 2013).

En tête des coupables, l'étalement urbain, qui a généré une explosion des transports et de la consommation d'énergie, ainsi que des cités et des zones pavillonnaires déconnectées des lieux d'activités. Aucun état d'âme, en cette époque d'essence pas chère, à faire des dizaines de kilomètres par jour pour aller sur son lieu de travail ! Les communes de moins de 2 000 habitants plantées au milieu des champs proches d'une grande ville poussent comme des champignons. Les dessertes de transports en commun n'y étant pas rentables, l'automobile y règne en maître. L'étude faite par l'Inrets[78], intitulée « Budgets énergie environnement déplacements », montre qu'une famille habitant à la périphérie d'une ville consomme trois fois plus d'énergie pour ses transports qu'une famille de taille identique domiciliée en centre-ville, avec une facture de 5 700 euros par an entre l'achat et l'usage de la voiture. Économie donc pour ceux qui habitent en ville ? Pas vraiment ! Car sitôt le week-end arrivé, ces mêmes citadins qui économisent leur essence la semaine se ruent hors de la ville pour prendre le vert. En voiture ou même en avion. C'est ce que les chercheurs appellent « l'effet barbecue » !

La facture n'est pas moins salée en termes de logements. Entre le besoin de chauffage requis par les occupants et la piètre performance des logements en matière d'isolation thermique, la plupart de nos constructions sont aussi coupables de notables émissions de gaz à effet de serre. Les bâtiments représentent aujourd'hui 42 % des consommations d'énergie et 25 % des émissions de gaz à effet de serre lâchés dans l'atmosphère. Pourquoi une

---

78 Gallez C., Hivert L., 1998, rapport de l'Institut National de Recherche sur les Transports et leur Sécurité, désormais Iffstar (Institut Français des Sciences et Technologies des Transports, de l'Aménagement et des Réseaux).

telle consommation ? Tout simplement parce qu'un quart de notre parc immobilier français est constitué d'immeubles datant de l'après-Seconde Guerre mondiale. À l'époque, le coût de l'énergie était peu important. Les maisons et les appartements étaient mal isolés et personne ne se préoccupait de savoir s'il y avait une bonne inertie thermique ou pas. Résultat ? La plupart de ces immeubles, construits sans aucune norme de construction environnementale, sont de véritables passoires thermiques pouvant afficher des dépenses énergétiques jusqu'à 450 kWh/m^2/an quand les plus performants aujourd'hui alignent à peine 50 kWh/m^2/an.

Ce gaspillage, la France s'est engagée à réduire lors du Grenelle de l'environnement, de 38 % d'ici 2020. Cela représente aussi un chantier colossal avec ses quelque 33 millions de logements à rénover, soit 80 % de l'ensemble du parc immobilier français à raison de 750 000 logements par an. En effet, depuis le 1er janvier 2013, les bâtiments neufs doivent répondre obligatoirement à la norme BBC (Bâtiments Basse Consommation). Ils devront être BEPAS (Bâtiments à Énergie PASsive) et même BEPOS (Bâtiments à Énergie POSitive) en 2020, avec une norme fixée à 50 kWh/m^2/an. En 2050, les bâtiments produiront plus d'énergie qu'ils n'en consomment : c'est ça, les bâtiments à énergie positive ! Un chantier colossal certes, mais une activité qui générerait 30 milliards de chiffre d'affaires en 2030 et la création de 408 000 emplois d'ici là, selon le scénario négaWatt[79]. La transition est aussi un investissement qui rapporte.

---

[79] Le scénario négaWatt est un scénario prospectif de transition énergétique à l'horizon 2050, élaboré depuis 2002 et remanié tous les quatre ans par la Compagnie des négaWatts, un collège de 23 experts et praticiens de l'énergie impliqués à titre professionnel dans la maîtrise de la demande d'énergie ou le développement des énergies renouvelables.

Une ville « partagée » à portée de piétons

Qualité de vie en hausse, transports réinventés, mixité sociale et ville plus facile à vivre, gageons que la ville de 2050 sera d'abord une ville où tout est à moins de 10 min à pied ou à vélo.

La ville de demain est en effet une ville dense, polynucléaire, souvent verticale en son centre, une ville de courtes distances. Lieux de travail, logements, services, aires de sport sont désormais regroupés et non plus rejetés aux périphéries de la ville. Certes, cela est possible pour les nouvelles villes en construction, direz-vous. Mais comment faire pour les villes plus anciennes dont le tissu urbain est déjà là ? L'idée est de récupérer tout ce qu'on peut récupérer, toutes les « dents creuses » de la ville comme disent les urbanistes, tels que les terrains recyclables (terrains vagues, espaces à l'abandon), de détruire les vieux îlots insalubres, de viabiliser les futures zones d'habitations le long des réseaux de transports en commun, tout cela pour densifier intelligemment. Est-ce à dire que l'on privilégiera systématiquement les tours ? Folie des grandeurs *versus* phobie des hauteurs, qui gagnera ? Quoique le consensus ne soit pas encore acquis sur ce sujet, un seul argument fait loi. Si tour il y a, elle devra être entièrement axée sur la mixité fonctionnelle pour réduire au maximum l'usage de la voiture. À la fois lieu de travail, lieu de vie avec des logements, siège de services et de commerces. Une tour n'est durable que si l'on prend en compte tout ce qui touche à sa relation au sol, à la rue, au quartier environnant, à son parvis, ses plantations. Loin de la « tour travail » des décennies 1970-2000, la tour de 2050 sera probablement une « tour aimant », qui irriguera tout le quartier autour d'elle en flux de personnes, de produits et d'énergie. C'est en tout cas l'enjeu de nombreux projets actuels tel que la tour Signal de Jean Nouvel à la Défense ou le futur quartier Transbay à San Francisco.

L'agencement de la ville a également retenu les leçons de la canicule. La ville de 2050 s'est repensée autour de nouveaux espaces comme les places ou les esplanades qui, même s'ils sont fortement ensoleillés la journée, se refroidissent vite la nuit grâce à l'absence de construction. La plupart des bâtiments ont adopté de solides protections devant les vitrages comme les avancées de toits, les stores et persiennes ou ce qui se faisait ailleurs, comme les moucharabiehs au Moyen-Orient et les jalousies aux Antilles. Simple affaire de bon sens... Dans les villes où l'eau ne manque pas, les aménagements de couvert végétal avec des arbres à fort potentiel d'ombrage parsèment la ville, ainsi que des espaces de détente. Des brumisateurs et des circulations d'eau dans le sol ont été installés le long des artères. Dans les autres villes, la végétalisation aura probablement été mise au rancart. Contre l'effet d'îlot, plusieurs pistes sont d'ores et déjà expérimentées. Couper les climatisations qui rejettent de l'air chaud, peindre les toits en blanc pour renvoyer une partie de la chaleur, installer des fontaines urbaines, arroser régulièrement les chaussées et trottoirs avec de l'eau non potable et développer une trame végétale. Complément des parcs et jardins existants dans la ville, cette végétalisation consiste à verdir les pieds des immeubles, à installer et à entretenir des façades végétales, des plantations d'alignement.

Les solutions anti-chaud pour nos routes sont également auscultées de près par nos chercheurs. Dans les laboratoires de l'Ifsttar, la chaussée façon Lego en est une prise très au sérieux. Constituées de différents modules agençables et modulables selon les saisons, nos routes deviendraient réversibles. Noires en hiver et blanches en

> ### Des bouillottes pour nos ponts
>
> Parée pour la canicule, la ville de 2050 se prépare également à affronter les très basses températures.
> Premières victimes des grands froids, nos ponts qui gèlent. Pourquoi ? Parce qu'ils prennent le froid non seulement par au-dessus mais aussi par en dessous. Pour éviter cela, nos chercheurs ont encore quelques belles idées en réserve. La plupart des ponts de France seront probablement équipés d'ici 2050 de fils électriques et de résistances ou de conduites alimentées en eau chauffée par géothermie, pour les maintenir à un minimum de 1 °C. De quoi passer l'hiver tranquille.

été pour mieux réfléchir le soleil, ne pas emmagasiner la chaleur pendant la journée et renvoyer des infrarouges la nuit. L'adoption de chaussées poreuses pour permettre à l'eau de pluie de recharger les nappes phréatiques est une autre mesure qui pourrait être généralisée. Les revêtements de sol actuels employés pour les chaussées et les trottoirs sont en effet totalement imperméables. Lorsqu'on les arrose, une faible part de l'eau s'évapore et le reste part à l'égout. Là encore, gageons que de nouveaux matériaux de voirie ayant des capacités de rétention auront vu le jour en 2050. Certaines villes du Japon les testent d'ailleurs déjà depuis quelques années. Au-delà du seul effet canicule, cette approche pourrait permettre de réactualiser un art de la voirie hérité du XIXe siècle (chaussées bombées, maîtrise du ruissellement…) au service des nouveaux enjeux environnementaux.

Conséquence de ce nouveau modèle urbain, la maison individuelle a pris un sérieux coup dans l'aile. Exit les grandes avenues bordées de petites maisons bâties au milieu de leur jardin. Bienvenue au semi-collectif, aux habitations collectives et aux maisons partagées. Cette densification de l'habitat offre l'avantage d'une grande qualité de vie reposant sur peu d'espaces verts privés mais beaucoup de parcs et espaces publics, jardins potagers partagés (entretenus grâce à l'engrais issu de composteurs collectifs d'immeubles). Ruches sur les toits des immeubles ou dans les squares parsèment désormais la ville.

Ce qui paraissait encore irréaliste il y a vingt ans est désormais banal. Nantes est une des pionnières du genre. Élue capitale verte en 2013 par la Commission européenne, Nantes Métropole a poursuivi depuis son petit chemin écolo avec, depuis 2006, l'aménagement de 1 400 ha de forêts urbaines réparties sur trois sites. Pas étonnant que la cité des Ducs soit une des villes françaises qui gagne le plus en population avec 100 000 habitants supplémentaires depuis vingt ans ! Ici, chaque Nantais habite à moins de 300 m d'un espace vert, le but étant de garantir à chaque habitant un cadre de vie qui réconcilie nature et densité urbaine. Un idéal urbain tout droit sorti du laboratoire d'idées et d'expérimentations dont Nantes se veut le porte-drapeau.

Ce mouvement vers le « toujours plus partagé » est d'ailleurs général. Il va avec la révolution générale anticipée dès 2014 par les études de l'Agence De l'Environnement et de la Maîtrise de l'Energie (Ademe). À défaut de rupture technologique, les modes de vie en 2050 seront davantage le fait d'une rupture culturelle marquée par la fin de la notion de possession au profit de la notion de partage. La floraison des éco-quartiers est une des manifestations de cette envie de prouver que densité, durabilité et qualité de vie peuvent faire bon ménage. Des quartiers de Lyon (Confluence), Grenoble (Bonne), Lille, Mordelles (près de Rennes), Stockholm, Zürich ou encore Fribourg sont autant de réalisations pilotes parvenant à concilier ville réinventée et changement climatique.

Fribourg-en-Brisgau, en Allemagne, fait presque office de laboratoire vert pour les hommes politiques des quatre coins de l'Europe qui viennent observer la réussite de la ville. Avec plus de 400 rames de tramway, un centre-ville dense et piétonnier, des milliers de vélos avec leurs garages dédiés et des charrettes proposées pour porter les provisions ou promener les bébés, Fribourg affiche aussi de nombreux espaces verts, des allées bordées d'arbres et... très peu de voitures.

L'auto partage est là-bas un mode de vie totalement banalisé pour 50 euros par an (plus les kilomètres parcourus et un forfait pour l'heure d'utilisation), des quartiers industriels rénovés avec des matériaux isolants, des énergies renouvelables et un secteur de l'énergie solaire flamboyant malgré son faible ensoleillement (1 740 heures par an contre 2 700 en moyenne dans le sud de la France). Au sein de la ville, le quartier Vauban, réhabilité et habillé de couleurs héberge 5 000 habitants vivant sur une quarantaine d'hectares au sud du centre-ville, dans des éco-quartiers qui subviennent à près de 70 % à la consommation énergétique des habitants. Les balcons sont fleuris, les façades, recouvertes de bois, sont peintes de couleurs vives avec de grandes baies vitrées et les toits sont végétalisés, plats et munis de panneaux solaires photovoltaïques et thermiques. Les eaux de pluie sont récupérées dans des citernes et réutilisées pour le lavage du linge, les toilettes des écoles et l'arrosage. Les fenêtres à triple vitrage pourvoient à l'isolation et économisent le chauffage, auquel on n'a presque pas recours, même en hiver.

Le même principe de partage prévaut pour l'énergie avec la notion de « solidarité énergétique ». La ville de demain est une ville où l'énergie se redistribue. Fini le systématisme des chauffages individuels, place aux ressources énergétiques mutualisées. L'objectif est de réaliser des échanges dans un même quartier, entre les bâtiments qui produisent de l'énergie et ceux qui en consomment. Car tous les bâtiments n'ont pas forcément besoin de la même quantité d'énergie en fonction des moments de la journée. Les bureaux en consomment pendant la journée, alors que les bâtiments d'habitation en usent plutôt le matin ou en soirée. C'est à ce petit jeu de vases communicants que l'énergie urbaine de demain sera consacrée.

Le micro-éolien urbain, par exemple, dont le rendement est plus important en hauteur, devra alimenter les immeubles plus petits, plus anciens, plus centraux et, de ce fait, moins exposés au vent. Même chose pour les façades exposées plein sud qui pourront mutualiser l'énergie photovoltaïque avec les immeubles orientés au nord ou plus à l'ombre, ou pour l'eau de pluie, qui sera désormais récupérée et redistribuée pour l'arrosage des espaces verts et le nettoyage des rues. Même solidarité énergétique du côté de nos routes. Les études en cours chez nos scientifiques sont nombreuses, à commencer par la chaussée translucide sous laquelle seraient posés des panneaux solaires, dont un prototype sera prochainement expérimenté par l'Ifsttar sur quelques centaines de mètres à Marne-la-Vallée. Autre principe d'échange d'énergie : le couplage bâtiment-route à partir de nappes souterraines pour faire de la géothermie « réversible »[80], un système qui permet de chauffer l'hiver et de rafraîchir l'été.

Si l'énergie se partage, elle s'économise également. Fini les éclairages non-stop de nos bureaux la nuit. La réglementation de 2012 interdisant l'éclairage commercial la

---

80 Les systèmes géothermiques réversibles fonctionnent grâce une pompe à chaleur dont le principe consiste à pomper l'énergie gratuite naturellement présente dans l'eau, l'air ou la terre, grâce à des collecteurs enterrés ou des sondes géothermiques, afin de l'utiliser ensuite pour chauffer ou rafraîchir un bâtiment.

nuit de 1 h à 6 h sera probablement étendue à tous les bâtiments, bureaux et lieux publics urbains. La ville de 2050 devrait être plus sombre mais aussi plus sobre. Nos chaussées de ville pourraient bien être plus vertes et moins énergivores ! C'est du moins la piste explorée par des chercheurs nantais et orléanais appartenant au CNRS, à l'université de Nantes et à l'Iffstar, en association avec l'entreprise Algoplus de Saint-Nazaire. Utilisées depuis longtemps dans les cosmétiques ou les compléments alimentaires, les micro-algues pourraient bien aussi servir à faire du… bitume ! Un « bio bitume », aux caractéristiques très proches du vrai bitume, qui constituerait une alternative prometteuse au pétrole.

Le regard que nous porterons sur nos déchets devrait également être différent. Car ils seront eux aussi « mutualisés ». Il faut dire que le trop-plein était à nos portes. Et l'urgence à agir, un « waste » programme ! L'Europe d'aujourd'hui produit plus de 2 milliards de tonnes de déchets, dont 40 millions sont considérés comme dangereux. Et les habitants des villes rejettent deux à trois fois plus de déchets que les populations rurales. En cause ? L'augmentation de la consommation des produits emballés et autres portions individuelles. Face à cette masse croissante, de nombreuses infrastructures de traitement sont à rude épreuve et nous commençons à manquer de place pour stocker les volumes, toujours plus importants. L'enlèvement par camion pose de gros problèmes de mobilité. Certaines villes comme Lille utilisaient déjà les voies d'eau en 2005, d'autres comme Bruxelles pensent faire de même. Gérer de telles masses a nécessité la mise au point d'innovations et de nouvelles procédures qui sont désormais totalement intégrées par l'*Homo climaticus*. Avec, au départ, l'idée qu'un produit en fin de vie peut constituer la matière première d'un produit « neuf ».

Ce dernier d'une qualité tout à fait comparable au produit classique et souvent moins cher. Avec une filière de tri bien organisée, la quasi-totalité du déchet peut être recyclée.

Partagés, nos déchets le seront aussi par les entreprises urbaines. L'écologie industrielle, qui vise à diminuer la production de déchets, sera désormais rentrée dans les mœurs. Non seulement les entreprises tenteront de réduire au maximum leur propre production mais elles se regrouperont en fonction de ce qu'elles peuvent faire des déchets des autres. Une sorte de chaîne alimentaire industrielle opérée à partir de « parcs éco-industriels » de plus en plus nombreux. L'énergie du dépotoir…

La filière est à ce point en plein essor qu'elle a vu naître de nouveaux métiers, notamment avec la rudologie, ou science des déchets, une discipline méconnue vingt ans plus tôt, située au confluent de l'économie, de la sociologie et de la géographie. Ces nouveaux savants des temps modernes, aujourd'hui capables d'organiser le traitement de nos déchets et de décider de la pertinence de leur stockage, seront probablement en 2050 à la tête de nombreux centres de collecte, indispensables pour optimiser le recyclage du contenu de nos poubelles.

La ville de demain est une ville intelligente

Intelligente, la ville le sera jusqu'au bout de ses objets connectés, à commencer par son habitat. Fini les passoires thermiques minérales et passives, nos immeubles « s'humanisent » et se dotent de capacités de réflexion. La maison de demain est un être autonome et vivant. D'ailleurs, on ne parle plus de « façade » ou de climatisation » mais de « peau », d'« enveloppe intelligente et réactive », de « ventilation naturelle » ou de « métabolisme ».

Il n'est pas impensable, selon le Centre Scientifique et Technique du Bâtiment, de voir émerger une nouvelle génération de bâtiments intelligents, capable de récupérer et de purifier l'eau de pluie, de puiser des calories dans la terre ou dans l'eau, de produire de la chaleur et de l'électricité grâce aux énergies solaires et éoliennes, et même de récupérer l'énergie cinétique des mouvements de ses occupants ! Des bâtiments inspirant et expirant comme un organisme vivant. Changeant leurs apparences selon des modes été et hiver déterminés à l'avance. Stockant et restituant la lumière du jour. Demain, la peau de l'habitat jouera un double rôle de collecteur de ressources, (eau, air, énergie) mais aussi de diffuseur de lumière, d'air pur, de chaleur, de fraîcheur, voire d'odeurs, pour le bien-être de ses occupants... Encore balbutiantes aujourd'hui et très coûteuses, toutes ces technologies, telles que les capteurs solaires intégrés à des stores mobiles, les LED, les vitrages actifs à cristaux liquides, les murs chauffants ou le système central intelligent, pourraient bien connaître un développement accéléré par la nécessité. Et du même coup, une baisse notable de leur prix !

Nos logements se feront également plus sobres dans leur consommation d'énergie grâce à des matériaux hyperisolants capables d'absorber la chaleur le jour, de la stocker et de la restituer la nuit à l'image des *trulli* des Pouilles italiennes ou des maisons troglodytes andalouses ou chinoises dont la température est stable en toutes saisons. Difficile, pourtant, d'imaginer reproduire le modèle en ville quand on sait que l'épaisseur des murs des *trulli* italiennes fait plus de 2,80 m ! Dans un espace aussi serré que le seront nos villes et au prix du mètre carré, nous n'atteindrons une telle performance qu'au prix d'immenses progrès en recherche des matériaux pour parvenir à recréer les qualités d'isolation de ces pierres sur quelques centimètres d'épaisseur seulement. Des progrès qui passeront probablement par la mise au point et la généralisation d'une enveloppe isolante hyper-sophistiquée pour les immeubles, des chaudières à haut rendement, des systèmes intelligents de régulation, autant de normes qui feront de ces constructions des bâtiments « passifs[81] », 13 fois moins consommateurs d'énergie que nos bâtiments actuels.

Certes, mais comment fera-t-on avec nos anciens bâti-ments, classés Monuments historiques, pour certains ? La gare de Strasbourg est un bon exemple des adaptations que nous verrons en 2050. Cette gare, remarquable pour son ancien bâtiment autant que pour son manque d'isolation thermique, a été recouverte d'un habit de verre, sorte de bulle transparente à structure métallique qui a permis de conserver la vision de la façade histori-que, construite par les Allemands en 1883, tout en dotant l'habitacle entier d'une isolation optimale. Le principe de la bouteille thermos et sa rétention de chaleur, complété par un renouvellement d'air sophistiqué, pour notre confort.

Plus économes, nos immeubles seront également capa-bles de raisonner, prendre des décisions et comprendre ceux qui l'habitent. Des chercheurs suédois du Royal Institute of Technology et de l'université de Kalskrona ont mis au point un programme capable d'analyser certaines situations à partir des desiderata émis par les usagers en termes de température ou d'éclairage. Cet enregistrement de données va permettre au système

---

81 Un bâtiment passif est un bâtiment chauffé ou rafraîchi passivement sans aucun système de chauffage/refroidissement actif comme un chauffage central. Le soleil, l'isolation, les gains intérieurs suffisent, même en hiver, pour maintenir le bâtiment à une température agréable. Un bâtiment passif se chauffe avec moins de 15 kWh par an et par m^2.

d'adapter l'intensité de la lumière ou de la température dans une pièce en fonction de l'heure du jour ou du nombre de personnes présentes. Qu'une seule personne vienne à quitter la salle et le système identifie aussitôt cette absence pour recalculer ses émissions en fonction du nombre de personnes restantes. Selon les scientifiques, ce procédé permettrait de réduire la dépense énergétique d'un édifice jusqu'à 40 %.

Intelligente, la ville le sera aussi pour tous ses objets qui pourraient bien changer nos vies. La ville de 2050 est d'ailleurs une *smart city* à part entière. *Smart glass, smart watch, smart box...* Réfrigérateurs intelligents qui vous aident à limiter le gaspillage, capteurs intelligents pour vous guider quand vous vous garez, infos en temps réel pour pouvoir planifier votre soirée ou programmer un trajet en ville... Londres, Paris, Shanghai, comme la plupart des grandes métropoles historiques, rivalisent d'idées pour séduire toujours plus d'habitants grâce à ces dernières innovations technologiques. Une étude publiée en juillet 2013 par Navigant Research[82] prévoit que le marché des technologies urbaines, qui était de 6,1 milliards de dollars par an en 2012, passe à 20,2 milliards de dollars en 2020, soit un triplement en moins de dix ans, avec près de 30 milliards d'objets connectés sans fil dans le monde. Connectée, fluide, autorégulée et dédiée à la communauté, construite selon les modes de la génération hashtag, la ville de demain est aussi fortement dépendante du « tout high-tech ».

Outre les services qu'elle offre à ses habitants, une « ville intelligente » permet une meilleure maîtrise des informations et des circulations urbaines par le biais de

---

82 *Op. cit.*

numérisation de données. Une numérisation qui doit à la fois permettre d'optimiser la situation des finances publiques et de rendre les collectivités territoriales plus productives. En somme, il s'agit de rendre la ville plus efficace et plus économe par le biais d'un certain nombre de technologies qui, tout en améliorant la qualité de vie des citoyens, optimise sa gestion. Caméras avec retour d'informations pour repérer ou anticiper les dysfonctionnements de la voirie (sortes de « cahiers de doléances » électroniques transmis à la municipalité par les habitants), lutter contre la criminalité, réguler la circulation urbaine et anticiper les bouchons, optimisation des transports et réduction des pertes de temps *via* la transmission d'informations en temps réel accessible aux voyageurs, *smartlighting* consistant à faire varier l'intensité lumineuse de l'éclairage public[83] en fonction des heures creuses de la journée ou de la nuit, tout en gardant un certain niveau de sécurité. Reste qu'au-delà de ces équipements sur lesquels les municipalités peuvent miser pour connecter l'environnement urbain, ce sont bien ses habitants, ses entreprises et ses passants qui rendront la ville intelligente. Et ce sont bien ses habitants qui la font vivre d'ores et déjà au quotidien à travers certaines d'entre elles. Les expérimentations foisonnent dans ce domaine.

Première mondiale, la ville de Nice et Cisco, le géant informatique américain, ont inauguré en 2013 l'un des premiers « boulevards connectés ». Le long de cette

---

83 La technologie, toujours en recherche chez Vinci Énergies par le biais de sa marque Citeos, repose sur l'amélioration et la démocratisation de la LED dimmable (ampoule compatible avec un variateur qui permet d'adapter l'éclairage en fonction des besoins), une révolution qui rendrait caduques les principales contraintes techniques actuelles de la LED (allumage lent, autonomie limitée…).

grande artère du centre-ville, 200 capteurs ont été nichés dans les lampadaires, la chaussée ou les bennes à ordures pour transmettre des données en temps réel. Un réseau qui préfigure à l'échelle d'un quartier la ville intelligente qui fait fantasmer tant d'édiles. Premier exemple des services rendus sur ce boulevard numérisé : les automobilistes pourront consulter en temps réel, sur leur smartphone, les places de stationnement disponibles puis payer à distance. Un gadget ? Selon la municipalité, 25 % du trafic à Nice serait le fait de véhicules à la recherche d'une place, et dont la quête du Graal peut prendre jusqu'à 30 minutes. Les capteurs sur les lampadaires permettent un éclairage modulé en fonction de la présence de passants. L'objectif est de réduire la facture de l'éclairage public, qui représente jusqu'à 30 % du poste électricité d'une ville. Chaque lampadaire informe aussi en temps réel les services techniques d'une éventuelle panne. Le réseau permettra aussi d'optimiser les tournées de collecte des déchets ou encore de mesurer finement la pollution. Bien d'autres villes comme Lyon[84], Chartres ou Grenoble sont, elles aussi, des laboratoires d'innovation urbaine particulièrement actifs.

Paris n'est pas en reste dans cette course à la plus *connected city* ! Conçu par JC Decaux, un nouvel Abribus situé place de la Bastille depuis 2012 utilise les nouvelles technologies tactiles et mobiles dernier cri. Il propose des équipements de confort (banc et toit plus larges, toit vitré éclairant la nuit et filtrant les rayons du soleil le jour, connexion wifi gratuite, possibilité de recharger son mobile), un défibrillateur connecté et supervisé à distance par GPRS, et un certain nombre de services

---

84 Le grand Lyon et son quartier Confluence en particulier.

La « totale » *smart city* existe déjà

Elle se trouve au Portugal et devrait être inaugurée prochainement. Bienvenue à PlanITvalley. Située à proximité de Porto, dans le nord du Portugal, cette ville où la vie se veut simple devrait accueillir entre 150 000 et 225 000 habitants. Son coût ? 19 milliards de dollars, réunis grâce à des partenaires tels que Cisco, leader mondial des réseaux, et Microsoft.
Construite *ex nihilo*, elle représente le modèle de la ville du futur. Environ 100 millions de capteurs seront placés partout dans la ville, y compris dans les appartements privés, afin d'optimiser l'efficience énergétique et de diminuer la congestion urbaine. Toutes les infrastructures seront en effet surveillées, avec des flux modulables pour l'électricité, l'eau, le transport ou la voirie. Ainsi, lorsque vous quitterez votre appartement le matin pour aller au travail, la température y sera automatiquement baissée afin d'éviter le gaspillage d'énergie. Si votre salle de bains fuit, votre domotique nouvelle génération appellera elle-même un plombier pour lui signaler le problème. Dans votre voiture, à la recherche d'un endroit où se garer ? Un ordinateur de bord vous indiquera automatiquement les places disponibles à proximité. Une ville intelligente digne des rêves de Jules Verne ou Stanley Kubrick !
Mais une ville qui, comme beaucoup de ses congénères, mettra aussi des décennies à amortir la mise de départ. Car même si la gestion est au maximum optimisée, même si les déchets sont entièrement recyclés et les bâtiments 100 % énergie positive, il faudra des années pour compenser « l'énergie grise[85] » libérée pendant la phase de construction. Rien n'est parfait, même dans le meilleur des mondes…

regroupés en quatre bouquets : « Se déplacer », « Que faire à proximité », « Découvrir Paris » et « Culture et info ». Cette expérimentation menée par la Mairie de Paris prend place dans un programme beaucoup plus vaste de nouveaux concepts de mobiliers urbains connectés.

---

85 L'énergie grise est la somme d'énergie dépensée depuis la phase de conception d'un produit jusqu'à son recyclage ou sa destruction.

Reste que la ville intelligente fait aussi débat. La collecte massive d'informations soulève bien entendu l'épineux problème de la confidentialité des données et de la protection de la vie privée[86]. Car ces cités hyper-rationnelles, 100 % durables et parfaitement sûres réveillent aussi la peur du cauchemar orwellien. Et pourtant ! Même si, en France, la Commission Nationale de l'Informatique et des Libertés reste vigilante sur ce sujet, gageons que le Big Data et l'inexorable avancée de la société auront largement prévalu à l'horizon 2050. Alors, plutôt que de voir le verre à moitié vide, tentons de le voir à moitié plein. Certes, le recueil et le traitement de données par des entreprises et des autorités posent un vrai problème en termes de protection de la vie privée. Mais le bénéfice que nous en tirerons en termes de service à la mobilité, d'économie d'énergie et d'amélioration de notre vie quotidienne devrait faire tomber les réticences. Quitte à rogner une part de nos jardins secrets. Ou à nous mettre à la merci d'un plantage informatique généralisé de la ville ultraconnectée.

Une chose est sûre en tout cas, la planète, elle, devrait nous en être reconnaissante.

---

86 Notons toutefois que des équipes travaillent déjà à la conception de méthodes de collecte de données massives qui préservent intrinsèquement la vie privée des citoyens.

Créer un futur désirable

« *Nul besoin de faire de la Terre un paradis :*
elle en est un.
À nous de nous adapter pour l'habiter. »
Henry Miller

Agriculture plus propre mais aussi plus high-tech, agriculteurs producteurs d'énergie ou recycleurs de biomasse, villes plus denses, plus verticales, voitures moins polluantes, louées ou partagées, maisons économes voire productrices d'énergie, cure d'amaigrissement de nos menus quotidiens en viande et en produits laitiers, vacances plus longues mais moins lointaines… Le plan de vol post-carbone pour remettre la France sur de bons rails climatiques sera probablement bien avancé en 2050. En trente-cinq ans, la transition vers une économie désintoxiquée des énergies fossiles et l'émergence de nouveaux comportements auront mis un frein à la surconsommation et à la pollution. Tout en maintenant un mode de vie que d'aucuns jugeront plutôt confortable. Contrainte à la sobriété énergétique et à l'adaptation au changement climatique, propulsée par les prouesses toujours plus efficaces de ses scientifiques et par la prise de conscience de ses citoyens, la France aura entamé sa mutation et su dépasser son individualisme pour faire éclore l'*Homo climaticus*. Un citoyen plus responsable et solidaire qui aura désormais intégré la notion de partage et de redistribution.

Les crises, selon les fervents partisans de la transition, sont toujours de magnifiques occasions de changer de modèles. Gageons que la France l'aura compris en quelques décennies. Ce faisant, elle aura aussi compris qu'écologie et économie pouvaient aller de pair. Jusqu'à nos jours trop souvent réduite au seul problème de l'environnement, l'écologie sera désormais perçue comme une réponse à la crise économique. C'est aussi cela, la grande leçon du changement climatique. Avec ses milliers d'embauches à la clé[87], la nécessaire adaptation aura enfin convaincu les Français de tout ce qu'ils avaient à gagner de ce changement. En particulier pour l'emploi dans les secteurs où de nouvelles compétences particulières seront requises : énergies renouvelables (la *pole position* des vingt années à venir), bâtiment et construction écologique, énergie décentralisée et efficacité énergétique. Face à un taux de chômage qui peine à descendre sous les 10 %, la propulsion de ces nouveaux secteurs d'activité est une nouvelle inespérée. Cet avis de l'Ademe, partagé par l'Observatoire Français des Conjonctures Économiques, est corroboré par la Confédération Générale du Patronat des Petites et Moyennes Entreprises, qui enregistre une hausse de 75 % des offres d'emploi liées à la transition énergétique depuis mars 2012. La société décarbonée de demain ne ruinera pas nos économies, quoi qu'en disent certains grincheux. Les scénarios qui tendent vers l'objectif d'un maximum de + 2 °C par rapport à l'ère pré-industrielle concluent tous à une

---

87 Selon une étude de l'Agence de l'Environnement et de la Maîtrise de l'Énergie (Ademe) publiée en 2014, la transition énergétique pourrait créer 329 000 emplois d'ici 2030 et 825 000 à l'horizon 2050.

réduction moyenne de la croissance de 0,06 % par an, soit la perte d'un an de produit intérieur brut tous les trente ans… Et encore, ce chiffre ne comprend pas les bénéfices de la lutte contre le changement, que ce soit en termes d'environnement, de santé ou de création d'emplois. Le coût en vaut bien la chandelle !

Au-delà des bénéfices écologiques, économiques et énergétiques, un tel changement est aussi une formidable opportunité. Celle de remettre en cause un système à bout de souffle pour faire naître une nouvelle civilisation. Relever le défi climatique, c'est aussi faire appel à une formidable réserve d'intelligence collective pour réinventer notre modèle de société et s'embarquer avec foi dans une nouvelle odyssée énergétique. Certes, la science est là pour nous aider. Mais la science ne peut pas tout sans la volonté des hommes à agir. On sait tous que la prise de conscience et l'action collective paient. Elles ont déjà fait leurs preuves face à des situations presque aussi graves. Souvenons-nous. La signature du traité sur l'Antarctique en 1959[88] ou la lutte contre le trou de l'ozone[89] en sont deux démonstrations manifestes. Pourquoi ne pourrions-nous faire aussi bien cette fois-ci ? La situation est mauvaise mais loin d'être désespérée et il est encore temps d'agir. Des solutions existent. Si l'activité humaine est la principale coupable de nos problèmes climatiques, elle peut aussi en être la principale résolution. Recherche,

---

88 Signé le 1er décembre 1959 à l'issue d'une conférence qui s'était ouverte le 15 octobre précédent, le traité de l'Antarctique veut s'assurer que l'Antarctique continuera à être employé exclusivement à des fins pacifiques et ne deviendra ni le théâtre ni l'enjeu de différends internationaux dans l'intérêt même de toute l'humanité.

89 En 2005, l'un des sujets écologiques les plus préoccupants était la couche d'ozone qui se trouvait lentement sous l'effet de certains gaz polluants, les chlorofluorocarbures (CFC) en tête. Dix ans plus tard, la menace semble s'éloigner. Non seulement la couche d'ozone est en train de se réparer mais elle serait même reconstituée d'ici 2050.

technologies, décisions politiques, financements, nous avons les moyens d'agir pour peu que nous le voulions. Pour preuve, certains pays commencent déjà à bouger. La Chine, par exemple. Plus gros pollueur actuel, ce pays est en train d'effectuer un virage sur l'aile à 180° en allant jusqu'à investir massivement dans les technologies décarbonées et inventer le concept de « civilisation écologique ». Plus près de nous, bon nombre de villes européennes mettent en place des stratégies de terrain, des expériences insolites pour tester de nouveaux modes de vie à basse consommation d'énergies fossiles. Il est clair que les choses avancent.

Coïncidence intéressante, cette même année 2015 où a lieu la COP21 à Paris, arrivent à échéance les Objectifs du Millénaire pour le Développement, définis d'un commun accord en l'an 2000 par tous les pays des Nations unies. Certains de ces objectifs ont été atteints, d'autres non, et de nouveaux engagements en faveur du développement vont être définis pour les quinze ans à venir. Cette convergence, la même année, de la grande conférence du climat et de la reformulation des OMD fait de 2015 une année cruciale pour l'humanité, l'occasion historique d'articuler, pour la première fois, la question écologique avec la question économique et sociale. Une chose est sûre, l'émergence de cette nouvelle société post-carbone étant inéluctable, les entreprises, les gouvernements et les nations qui s'y seront investis rapidement et efficacement seront assurément les grands gagnants de demain.

Appuyée par l'audacieuse encyclique du pape François, relayée par la prochaine conférence de Paris, cette grande odyssée énergétique vers un monde décarboné est un défi passionnant à relever. Plus qu'un parcours du combattant, elle est surtout la promesse d'un futur « désirable »… Faisons-en le pari !

Bibliographie

De Felice Pierre, L'*Histoire de la climatologie – Biologie, écologie, agronomie*, L'Harmattan, 2007.

Denhez Frédéric, *Quelle France en 2030 ?*, Armand Colin, 2009.

Denhez Fréderic, *Une brève histoire du climat*, L'Œil neuf, 2008.

Foucart Stéphane, *Le populisme climatique*, Denoël, 2010.

Huet Sylvestre, *Quel climat pour demain ?*, Calmann-Lévy, 2000.

Jancovici Jean-Marc, *Le changement climatique expliqué à ma fille*, Seuil, 2009.

Jeandel Catherine et Mosseri Rémy, *Le climat à découvert*, CNRS éditions, 2011.

Jouzel Jean et Debroise Anne, *Le défi climatique, objectif 2°C !*, Dunod, 2014.

Jouzel Jean, Lorius Claude et Raynaud Dominique, *Planète blanche. Les glaces, le climat, l'environnement*, Odile Jacob, 2008.

Jouzel Jean et Debroise Anne, *Le climat : jeu dangereux*, Dunod, 2007.

Leroy Ladurie Emmanuel, Rousseau Daniel et Vasak Anouchka, *Les fluctuations du climat. De l'an mil à aujourd'hui*, Fayard, 2011.

Le Treut Hervé, *Nouveau climat sur la Terre. Comprendre, prédire, réagir*, Flammarion, 2009.

Le Treut Hervé et Jancovici Jean-Marc, *L'effet de serre. Allons-nous changer le climat ?*, Flammarion, 2001.

Masson-Delmotte Valérie, *Climat, le vrai et le faux*, Le Pommier, 2011.

Nouaillas Olivier et Devisse Jean-Stéphane, *Le changement climatique pour les nuls*, First, 2014.

Soussana Jean-François (coord.), *S'adapter au changement climatique – Agriculture, écosystèmes et territoires*, Éditions Quae, 2013.

Pour la science, cahier spécial réalisé en partenariat avec l'Inra : « L'adaptation au changement climatique », 2015.

Coordination éditoriale : Véronique Véto-Leclerc
Coordination de collection : Anne-Lise Prodel
Édition : Sylvie Blanchard
Création maquette intérieure et couverture : Gwendolin Butter
Mise en page : Gwendolin Butter

Imprimé pour vous par Books on Demand

www.ingramcontent.com/pod-product-compliance
Lightning Source LLC
LaVergne TN
LVHW050905200726

843508LV00011B/2114